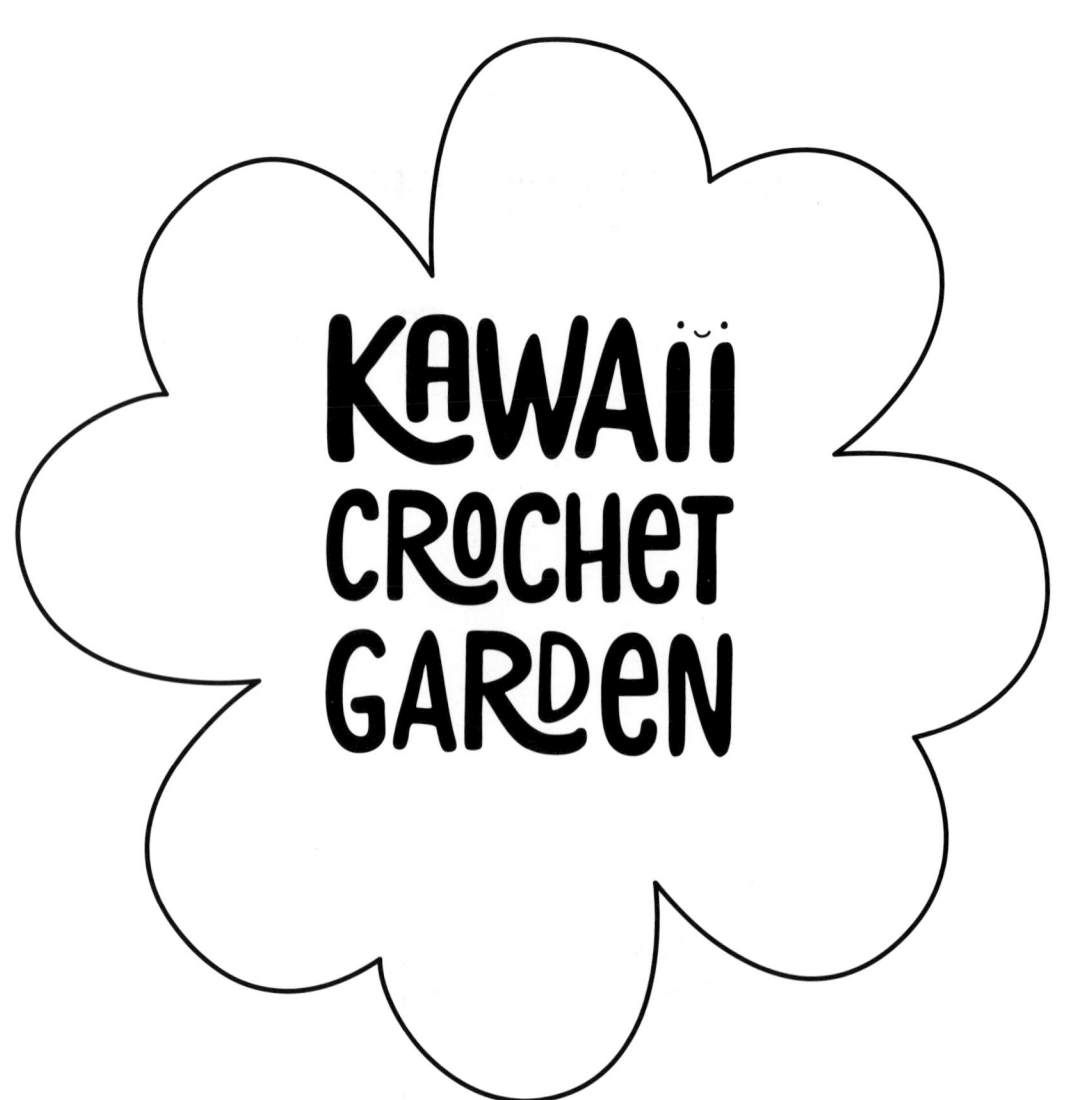

KAWAII CROCHET GARDEN
繽紛花園!!
鉤織玩偶入門書

梅麗莎・布萊德利
Melissa Bradley
著

CONTENTS 目次

甜美粉 PINK 12
- 鬱金香球莖 14
- 玫瑰 16
- 百合 18
- 彩葉草 20
- 蚯蚓 23

魔力紅 RED 24
- 蟹爪蘭 26
- 瓢蟲 29
- 聖誕紅 30
- 罌粟花 32
- 草莓盆栽 35

陽光橘 ORANGE 38
- 非洲菊 40
- 萬壽菊 42
- 縮刺仙人掌 44
- 種子袋 46
- 蝸牛 48

活力黃 YELLOW 50
- 金杖球 52
- 馬蹄蓮 54
- 水仙花球莖 56
- 蜜蜂 58
- 向日葵 59

有機綠 GREEN 62
- 圓筒仙人掌 64
- 三葉草 66
- 蕨類盆栽 68
- 毛毛蟲 71
- 澆水壺 72

浪漫紫 PURPLE 86

鳶尾花球莖 88
三色堇 90
非洲紫羅蘭 92
洋牡丹 94
甲蟲 97

神祕藍 BLUE 74

番紅花球莖 76
飛燕草 78
鏟子 81
雛菊 82
森林勿忘草 84

純淨白 WHITE 98

白水仙球莖 100
鈴蘭 102
飛蛾 104
綠之鈴 106
睡蓮 108

前言 4
工具與材料 6
生活中的色彩學 8
大自然裡的配色 11

鉤織技巧 TECHNIQUES 110

實用術語和技巧 112
起針＆基本鉤織針法 114
其他針法＆用語 116
彩色的鉤織方法 120
結束編織及收針 120
製作五官&修飾形狀 122

INTRODUCTION 前言

有關書裡使用的鉤針技巧，請參照鉤織技巧的教學（P110）。

如同我的第一本《可愛療癒！鉤織玩偶入門書》，這本書也會繼續圍繞著色彩的慶典——它像是一首對大自然現象「彩虹」的頌歌、一場慶祝可愛毛線玩偶的派對，以及花花草草的寫照，全部合而為一。

在此邀請您翻閱如彩虹調色盤的章節，從粉紅、紅、橘、黃、綠、藍、紫到白色，讓自己沉浸在令人愛不釋手的鉤織世界裡。認識一點關於你最愛顏色的新事物，熟悉鉤織玩偶的新針法，或是簡單地去享受製作可愛療癒小物的過程。另外，請特別留意點綴於書中的有趣知識及諧音梗，那是我想讓您邊鉤織邊微笑的一個心願！

我希望這本書在引領您走進每個彩虹色階的當下，能帶給您喜悅的心情，而我創造出的玩偶們也會為您帶來笑顏，並在一針一線的手作時光裡，同時心中充滿著愛。

願我們大家都能發掘內心對鉤織、色彩和所有一切可愛事物的熱愛！

祝大家鉤織愉快！

入門　　初級　　進階

本書中的難度分級

每個作品的難易度，會以上列圖示中這三種臉部表情來標示。如果你是鉤織新手，就從入門或是初級的作品開始；若是想給自己一點挑戰的話，就選擇進階作品。

TOOLS AND MATERIALS
工具與材料

↑ 鉤針
鉤針尺寸為 3.5mm（美規 E-4 號針、日規 6/0 號針）及 2.5mm（美規 C-2 號針、日規 4/0 號針）。美國可樂牌 Amour 鉤針組是我的最愛，手感非常舒適！

← 記號圈／別針
我都會用記號別針，在前一圈的最後一針作上記號。但也可以用一條對比色線、安全別針或是迴紋針代替。

熱熔槍
我的祕密武器！當你看到織圖裡出現「固定」兩個字，就是你幫熱熔槍插上電的時候。或許堅持純手工的人對熱熔槍敬謝不敏，但就我個人而言，在固定小細節時，它是最容易操作且最快的方法。當然，你也可以使用針線。

絨毛鐵絲
使用絨毛鐵絲，就可以省去在花莖裡塞填充物與花藝鐵絲的步驟。

纖維填充物 ↗
用來塞入鉤織玩偶中的材料，可以將玩偶塑造成好看、圓潤的形狀。我用的是聚酯纖維。

花藝鐵絲
各種不同粗細的綠色鐵絲，我使用的尺寸是 16、20、26 號。

玩具娃娃眼睛

我最常使用黑色且大小介於 5mm 至 8mm 之間的娃娃眼睛。不然也可以用黑色的線繡出眼睛（請參考 P122：嵌入娃娃眼睛）。

剪刀

又尖又銳利且色彩繽紛的剪刀，是我最愛的收集品之一。

毛線縫針（鈍頭針）

藏線頭和塑型時，一支不傷毛線的鈍頭針絕對不可或缺。

大頭針

用於固定不同部位的連接工具。我習慣用 T 型的大頭針，這樣才不會掉進鉤織玩偶裡消失不見。

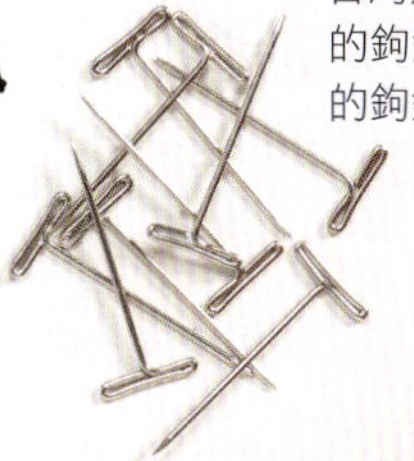

棉質毛線

本書使用歐美規格的 Paintbox 牌棉質毛線，有分中量（Medium，別稱 Aran）和輕量（Light，別稱 DK）兩種不同粗細。

＊台灣販售的其他毛線大多會標示適用的鉤針尺寸，可參考書中各成品使用的鉤針選購。

鐵線剪

專門用來剪花藝鐵絲。千萬別用一般剪刀剪鐵絲！你的手（和剪刀）之後會感謝你的。

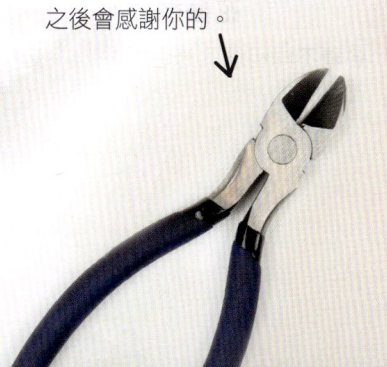

COLOR THEORY 生活中的色彩學

色彩透過多種形式層面，大幅影響著我們。我從以前就很喜愛嘗試各種色彩的搭配，但真正迷戀上顏色的魔力，是從大學時期選修了一堂色彩理論課開始，課堂上講述到的色彩影響力令我大開眼界。後來，我開始下意識留意出現特定顏色時的感受。在進入鉤織玩偶的製作之前，就讓我們來談談色彩的專有詞彙。

色彩詞彙

原色

構成色環最基本的三個顏色，分別為紅色、藍色和黃色。這三種顏色無法用其他顏色調出來，稱為三原色。

二次色

橘色、綠色和紫色，混合兩種原色調成的顏色。
紅色＋黃色＝橘色；
黃色＋藍色＝綠色；
藍色＋紅色＝紫色。

三次色

混合一種原色和一種二次色而產生的顏色，有藍綠色、黃綠色、橘黃色、橘紅色、紫紅色和藍紫色。

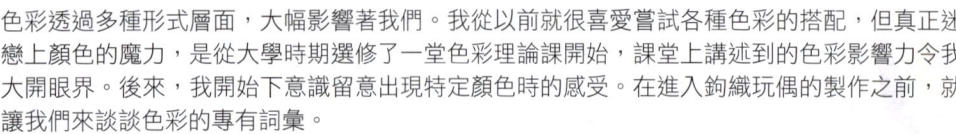

互補（對比）色

任何在色環上位置相對應的兩種顏色即為互補色，例如紅色和綠色。

補色分割

選擇色環上任一顏色，搭配位於其互補色兩側的顏色。

相似（類似）色

指在色環上位置相連並排的兩到四種顏色。

三等分配色

指在色環上三個等距分布的顏色。

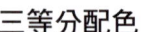

8

矩形（雙對比）配色

由兩組對比色，共四種顏色組成。

單色配色

將同一種顏色添加白色、黑色或灰色等色系，調出不同深淺、明暗和飽和度的顏色。

中性色配色

不含任何其他顏色的中性色，例如黑、白、灰。

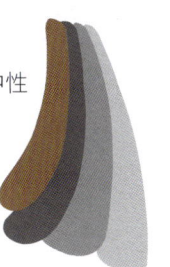

其他色彩術語

色相
「顏色」的意思

飽和度
指色相的強度或純度

明度
指色相深淺的程度，也稱為明暗度

暗色調
指色相加入黑色後的色調

明色調
指色相加入白色後的色調

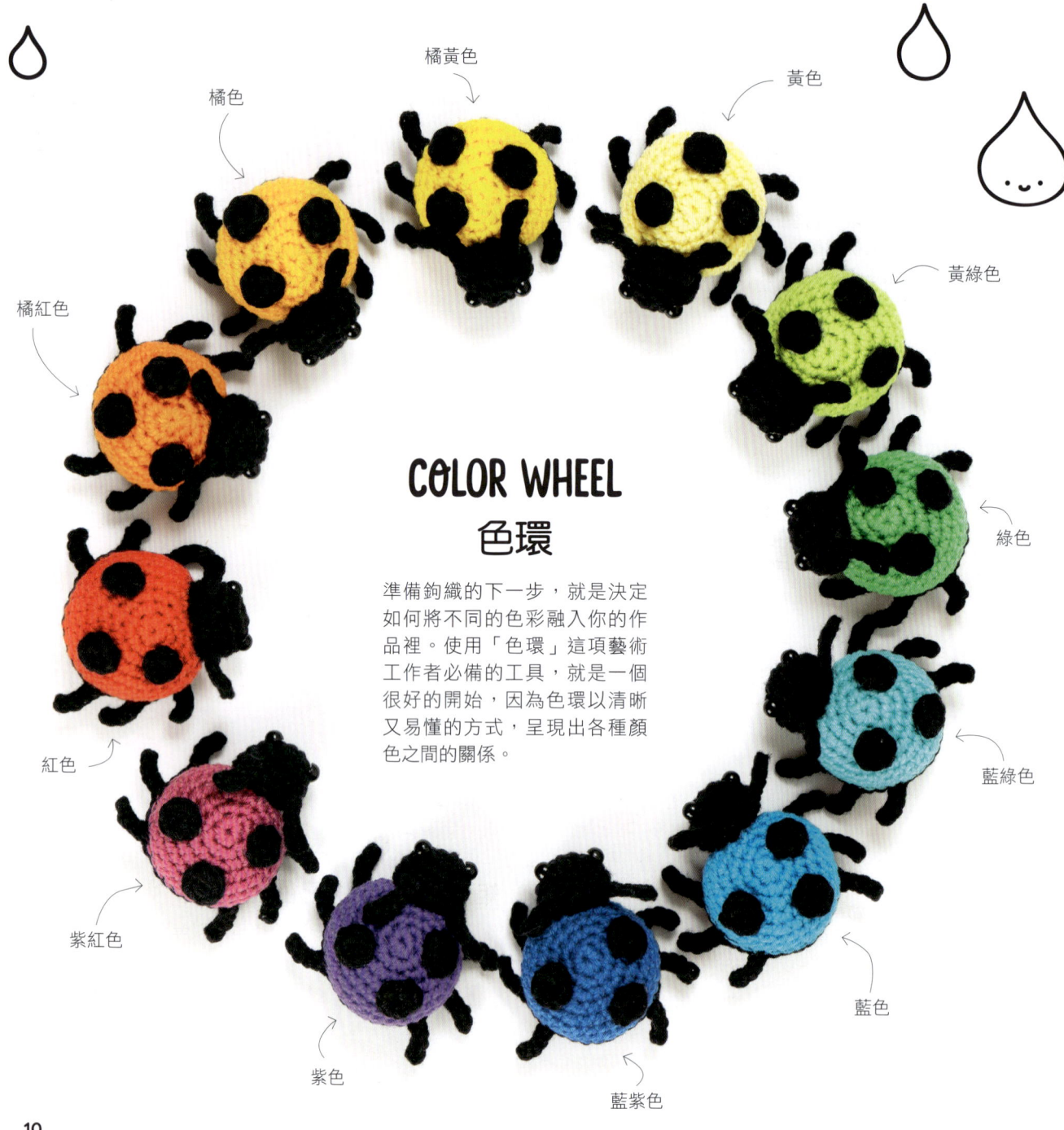

COLOR WHEEL
色環

準備鉤織的下一步，就是決定如何將不同的色彩融入你的作品裡。使用「色環」這項藝術工作者必備的工具，就是一個很好的開始，因為色環以清晰又易懂的方式，呈現出各種顏色之間的關係。

COLOR IN NATURE
大自然裡的配色

彩虹就是自然界中的色環。我堅信沒有所謂的醜顏色，只有不適合的配色。所以，我們如何挑選顏色作搭配，使其產生協調感，以及為什麼有些顏色跟其他顏色搭配時，會比單一顏色還好看呢？這些疑問，就讓我們透過色環來解答。並透過色環的協助，從各種配色法中快速做出選擇，成功搭配出理想的顏色。以下的配色原理能帶給你不同的選項，像是營造強烈對比或是協調感等，按照你想要呈現的效果來決定使用哪種配色法吧！

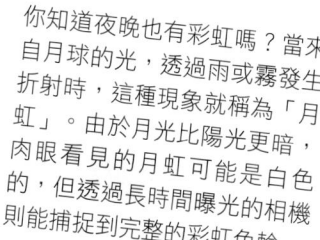

你知道夜晚也有彩虹嗎？當來自月球的光，透過雨或霧發生折射時，這種現象就稱為「月虹」。由於月光比陽光更暗，肉眼看見的月虹可能是白色的，但透過長時間曝光的相機則能捕捉到完整的彩虹色輪。

單色配色法

這種配色法是用同一種色調（或顏色），添加白色或黑色來調出不同明暗度的顏色。這樣的配色組合非常簡單，卻能創造出具協調性且吸引目光的視覺效果。例如，藍色系的色調總是搭配得宜，請想像一場天空與海洋的相遇。

互補（對比）配色法

互補色（色環上位置相對的顏色）彼此之間具有很高的對比度，但如果使用不當，可能會產生視覺上的不和諧感。一般來說，不會使用等量的互補色，而是選擇一種色調作為主色，再利用補色來突顯它。在自然界中也可以發現一些對比色，例如，橙色珊瑚在藍色海洋中脫穎而出，或者薰衣草與柔和的綠色樹葉形成鮮明對比。

相似（類似）配色法

指將色環上相連並排的兩到四種顏色作搭配。通常建議先選擇一種原色作為底色，再用兩種顏色來相襯，而不是過於突出壓過原色。避免選擇過於相似的顏色，因為這樣可能會融合為同一色系，而看不出原本設計的配色。相似配色法在自然界中很常見，秋天樹葉顏色的變化就是一個很受歡迎的例子，但即使在一朵花的花瓣之間，或日出、日落時的天空中，也可以看到相似的配色。

補色分割配色法

將色環上的任一顏色搭配位於其互補色兩側的顏色，例如藍色搭配橘紅色和橘黃色。這種配色法可以增添更多的變化，與互補配色法相較，能夠創造出更平衡的暖色調和冷色調組合。也因為如此，最好記住配色組合中哪種顏色最強或最具主導性，畢竟我們都不想組合出眼花撩亂又不平衡的色調。在自然界中，由藍紫色、紫紅色和黃色組成的鳶尾花，就是這種配色的好例子。

三等分配色法

指將色環上等距分布的任何三個顏色搭配在一起。三等分配色往往給人充滿活力的感覺，即使在色調柔和、變暗或變淺的情況下也是如此。選擇一個主色，並把其他兩種顏色當成襯托色，便是一個很好的開始。最基本的範例是紅色、黃色和藍色，例如在沙漠景觀中，清澈的藍色天空和紅色岩石、黃色乾草的平衡組合。

矩形（雙對比）配色法

與三等分配色一樣，矩形配色也是以等距分布的顏色作組合，只不過是使用四種顏色而不是三種。這種顏色組合會很醒目且繽紛，然而，必須謹慎找到顏色之間的平衡感，因為一不小心就可能落入太雜亂而讓人不知所措的情況。我們可以從美麗的三色堇花盆裡，看到綠色、黃色、紅色和紫色所組成的矩形配色。

11

甜美粉

英文的「pink」源自於粉色石竹（dianthus），
它是一種味道香甜的小型花。
但在大部分的歐洲語系中，
則是用「rose」或「rosa」來稱呼粉紅色，
也就是以玫瑰花為名。

TULIP BULB
鬱金香球莖

材料 & 工具
- 2.5mm 鉤針
- 棉質輕量毛線：米白色、棕黃色、萊姆綠色、粉紅色，各一球（50克）
- 黑色散線
- 6mm 娃娃眼睛
- 纖維填充物
- 縫針
- 記號別針

完成尺寸
高 15 公分
寬 6 公分

織片密度
2.5 公分 = 6 短針 × 7 排

初級

球莖和葉子

第1圈：用米白色線，以環形起針法起6短針 [共6針]

第2圈：每個針目2短針 [共12針]

第3圈：換棕黃色線，（1次1短針、1次2短針）6次 [共18針]

第4圈：（2次1短針、1次2短針）6次 [共24針]

第5圈：（3次1短針、1次2短針）6次 [共30針]

第6圈：（4次1短針、1次2短針）6次 [共36針]

第7圈：（5次1短針、1次2短針）6次 [共42針]

第8圈：（6次1短針、1次2短針）6次 [共48針]

第9-13圈：每個針目1短針 [共48針]

第14圈：（3次1短針、1短針減針、3次1短針）6次 [共42針]

第15圈：（1短針減針、5次1短針）6次 [共36針]

第16圈：（2次1短針、1短針減針、2次1短針）6次 [共30針]

將6mm娃娃眼睛嵌進第**10**和第**11**圈之間，中間相隔五個針目，並塞入填充物。

第17圈：（1短針減針、3次1短針）6次 [共24針]

第18圈：每個針目1短針 [共24針]

第19圈：（1次1短針、1短針減針、1次1短針）6次 [共18針]

第20圈：每個針目1短針 [共18針]

第21圈：（1短針減針、1次1短針）6次 [共12針]

第22圈：換萊姆綠色線，只鉤後半針，每個針目1短針 [共12針]

第23圈：只鉤後半針，（1短針減針、2次1短針）3次 [共9針]

第24-26圈：每個針目1短針[共9針]
第27圈：換粉紅色線，只鉤後半針，（2次1短針、1次2短針）3次[共12針]
第28-33圈：每個針目1短針[共12針]
第34圈：（1短針減針、4次1短針）2次[共10針]
第35圈：（1短針減針、3次1短針）2次[共8針]
第36圈：（1短針減針、2次1短針）2次[共6針]

塞滿填充物，收針並留一長尾線後剪線。用縫針將尾線穿過整圈的前半針收口。藏線頭後，用黑色及粉紅色的毛線縫上嘴巴跟臉頰（請參考P124）。

第37圈：在第23圈任何一前半針接萊姆綠色線，（起8鎖針、自鉤針側算起第二針目開始，依序鉤1引拔針、1短針、5次1中長針，接著在第23圈的下兩針各鉤1引拔針、起10鎖針、自鉤針側算起第二針目開始，鉤1引拔針、1短針、7次1中長針、回到第23圈的下一針鉤1引拔針）3次[共6片葉子]

收針剪線並藏線頭。

第38圈：在第22圈任何一前半針接棕黃色線，（3次1短針、1次2針）3次[共15針]
第39圈：每個針目1短針[共15針]

收針剪線並藏線頭。將米白色短線圍繞綁於第1和第2圈上，用剪刀修成一樣的長度後，輕輕搓散讓毛線變得蓬鬆。

鬱金香花瓣（製作3個）

第1圈：用粉紅色線，以環形起針法起4短針[共4針]
第2圈：（1次1短針、1次2短針）2次[共6針]
第3圈：（2次1短針、1次2短針）2次[共8針]
第4圈：（3次1短針、1次2短針）2次[共10針]
第5圈：（4次1短針、1次2短針）2次[共12針]

第6圈：每個針目1短針[共12針]
第7圈：（5次1短針、1次2短針）2次[共14針]
第8圈：每個針目1短針[共14針]
第9圈：（6次1短針、1次2短針）2次[共16針]
第10圈：每個針目1短針[共16針]
第11圈：（7次1短針、1次2短針）2次[共18針]
第12圈：每個針目1短針[共18針]
第13圈：（1短針減針、1次1短針）6次[共12針]
第14圈：（1短針減針、4次1短針）2次[共10針]

攤平不塞填充物，收針並留一長尾線後剪線。使用縫針和尾線，將第14圈縫緊收口，再把花瓣的第14圈與球莖的第26圈的前半針縫在一起。把三片花瓣的側邊縫合至一半高的位置。

因為道歉說不出口而「鬱」悶嗎？

你知道花都藏著祕密花語嗎？雛菊代表著「純真或真愛」，向日葵則有「愛與欽佩」之意，白色鬱金香的花語是「對不起」。

ROSE
玫瑰

材料 & 工具
- 3.5mm 鉤針
- 棉質中量毛線：**咖啡色、淺粉紅色、粉紅色、草綠色**，各一球（50克）
- **黑色散線**
- 7mm 娃娃眼睛
- 纖維填充物
- 縫針
- 記號別針

完成尺寸
高 10 公分
寬 7.5 公分

織片密度
2.5 公分 = 5 短針 × 6 排

入門

泥土

第**1**圈：用**咖啡色**線，以環形起針法起 6 短針 [共 6 針]
第**2**圈：每個針目 2 短針 [共 12 針]
第**3**圈：（1 次 1 短針、1 次 2 短針）6 次 [共 18 針]
第**4**圈：（2 次 1 短針、1 次 2 短針）6 次 [共 24 針]
第**5**圈：（3 次 1 短針、1 次 2 短針）6 次 [共 30 針]
第**6**圈：（4 次 1 短針、1 次 2 短針）6 次 [共 36 針]
第**7**圈：（5 次 1 短針、1 次 2 短針）6 次 [共 42 針]

隱形收針（請參考 P120）並藏線頭。

花盆

第**1**圈：用**淺粉紅色**線，以環形起針法起 6 短針 [共 6 針]
第**2**圈：每個針目 2 短針 [共 12 針]
第**3**圈：（1 次 1 短針、1 次 2 短針）6 次 [共 18 針]

16

第4圈：（2次1短針、1次2短針）6次 [共24針]

第5圈：（3次1短針、1次2短針）6次 [共30針]

第6圈：（4次1短針、1次2短針）6次 [共36針]

第7圈：只鉤後半針，每個針目1短針 [共36針]

第8-11圈：每個針目1短針 [共36針]

第12圈：（5次1短針、1次2短針）6次 [共42針]

第13-15圈：每個針目1短針 [共42針]

將7mm娃娃眼睛嵌進第11和第12圈之間，中間相隔四個針目，並塞入填充物。

第16圈：把泥土放進花盆裡，將泥土的第7圈跟花盆的第15圈對齊後，用鉤花盆的毛線把兩片的所有針目（包含前後針），整圈以短針拼接在一起（請參考P122）[共42針]

第17圈：起1鎖針，每個針目1短針，以1引拔針連接第一個針目 [共42針]

第18圈：每個針目1引拔針 [共42針]

隱形收針並藏線頭。用**黑色**及**粉紅色**的毛線縫上嘴巴和臉頰（請參考P124）。接著開始塑型，製作出花盆底部凹槽（請參考P122）。收尾剪線並藏線頭。

玫瑰

第1排：用**粉紅色**線，起53鎖針，自鉤針側算起第五針目鉤1長針，（1鎖針、跳過下一個鎖針、下個鎖針裡鉤1長針＋1鎖針＋1長針）重複整排，翻面 [共50針]

第2排：起2鎖針，（於下一個原本圈上的鎖針空隙[1]裡鉤1中長針＋4長針＋1中長針、於下一個鎖針空隙裡鉤1引拔針）24次。留下最後一個鎖針空隙不鉤 [共24片花瓣]

收針並留30公分的尾線，將花瓣捲成鬆緊適中的玫瑰花型。用縫針及尾線於玫瑰的背面將花瓣縫合成型（如圖1），最後固定在泥土頂端中央。

葉子（製作2片）

第1圈：用**草綠色**線，起10鎖針。自鉤針側算起第二針目開始，依序鉤1引拔針、1短針、1中長針、4次1長針、1中長針、1次3短針，再從另一側的針目開始，依序鉤1中長針、4次1長針、1中長針、1短針、1引拔針，最後用1引拔針鉤進一開始跳過的第一個鎖針 [共20針]

隱形收針並藏線頭。

將葉子固定於玫瑰花下的泥土上。

葉子織圖

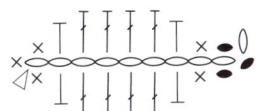

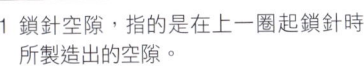

[1] 鎖針空隙，指的是在上一圈起鎖針時所製造出的空隙。

LiLY
百合

材料 & 工具
- 3.5mm 和 2.5mm 鉤針
- 棉質中量毛線：**淺粉紅色、藍色**，各一球（50克）
- 棉質輕量毛線：**深粉紅色、粉紅色、淺粉紅色、草綠色**，各一球（50克）
- **黑色**散線
- 7mm 娃娃眼睛
- 纖維填充物
- 絨毛鐵絲
- 縫針
- 記號別針

完成尺寸
高 21.5 公分
寬 10 公分

織片密度
使用中量毛線：
2.5公分＝5短針×6排
使用輕量毛線：
2.5公分＝6短針×7排

進階

花瓶

第1圈：用 **3.5mm** 鉤針及**中量淺粉紅色**線，以環形起針法起6短針 [共6針]

第2圈：每個針目2短針 [共12針]

第3圈：（1次1短針、1次2短針）6次 [共18針]

第4圈：（2次1短針、1次2短針）6次 [共24針]

第5圈：（3次1短針、1次2短針）6次 [共30針]

第6圈：只鉤後半針，每個針目1短針 [共30針]

第7圈：（4次1短針、1次2短針）6次 [共36針]

第8-9圈：每個針目1短針 [共36針]

第10圈：（5次1短針、1次2短針）6次 [共42針]

第11-13圈：每個針目1短針 [共42針]

第14圈：（1短針減針、5次1短針）6次 [共36針]

第15圈：（1短針減針、4次1短針）6次 [共30針]

第16圈：（1短針減針、3次1短針）6次 [共24針]

第17圈：（1短針減針、6次1短針）3次 [共21針]

將7mm娃娃眼睛嵌進**第11**和**第12**圈之間，中間相隔四個針目。塞入填充物，先不要收針跟剪線，接下來製作水面，完成後再進行**第18**圈。

第18圈：把水面放進花瓶裡，並將水面的**第4**圈和花瓶的**第17**圈對齊，用鉤花瓶的毛線把兩片的所有針目（包括前後針），整圈以短針拼接在一起（請參考P122）[共21針]

第19-29圈：每個針目1短針 [共21針]

第30圈：每個針目1引拔針[共21針]

隱形收針（請參考P120）並藏線頭。用**黑色**及**粉紅色**的毛線縫上嘴巴和臉頰（請參考P124）。

接著開始塑型，製作出花盆底部凹槽（請參考P122）。收尾剪線並藏線頭。

水面

第1圈：用 **3.5mm** 鉤針及**中量藍色線**，以環形起針法起6短針[共6針]
第2圈：每個針目2短針[共12針]
第3圈：（1次1短針、1次2短針）6次[共18針]
第4圈：（5次1短針、1次2短針）3次[共21針]

隱形收針並藏線頭。

花朵（製作2個）

第1圈：用 **2.5mm** 鉤針及**輕量深粉紅色線**，以環形起針法起15短針[共15針]
第2圈：起12鎖針，自鉤針側算起第二針目開始，依序鉤1短針、10次1短針、起2鎖針，再從另一側的針目開始，依序鉤1短針、1中長針、1長針、1次2長針、1長針、2次1中長針、3次1短針、最後一針目裡鉤3短針[共25針]
第3圈：4次1短針、2次1中長針、1長針、1次2長針、1長針、1中長針、1短針、在上一圈起2鎖針而製造的空隙裡鉤3短針，換**輕量粉紅色線**，13次1短針、下一針目鉤3中長針[共31針]
第4圈：12次1短針，換**輕量深粉紅色線**，跳過最一開始環形上的下兩個針目，3次1引拔針[共15針]

第5-10圈：重複第2-4圈兩次，收針剪線後藏線頭。
第11圈：換**輕量淺粉紅色線**，每片花瓣外圍整圈鉤短針，並於花瓣頂端鉤1短針＋1中長針＋起2鎖針＋1中長針＋1短針。

收針剪線後藏線頭。

花莖

第1圈：用 **2.5mm** 鉤針及**輕量草綠色線**，以環形起針法起5短針[共5針]
第2-20圈：每個針目1短針[共5針]
第21圈：（從織片背面的裡山開始鉤，起7鎖針，自鉤針側算起第二針目開始，依序鉤1引拔針、5次1引拔針、只鉤前半針，於**第20**圈的下一個針目裡鉤1引拔針）5次[共35針]

收針並留一長尾線後剪線，先不塞填充物。使用縫針將尾線穿過整圈後半針收口。將絨毛鐵絲從花莖的**第1圈**穿入至另一端，尾端留2.5公分長的鐵絲，再把兩片花朵穿過鐵絲，由下往上推至絨毛鐵絲的頂端（如圖1）。

葉子（製作5片）

第1圈：用 **2.5mm** 鉤針及**輕量草綠色線**，起12鎖針，自鉤針側算起第二針目開始，依序鉤1引拔針、1短針、2次1中長針、4次1長針、2次1中長針、1次3短針。接著再從另一側的針目開始，依序鉤2次1中長針、4次1長針、2次1中長針、1短針、1引拔針，最後用引拔針鉤進一開始跳過的第一個鎖針[共24針]

隱形收針並藏線頭。

將葉子固定於花莖上（如圖2）。

將百合插進花瓶中。

葉子織圖

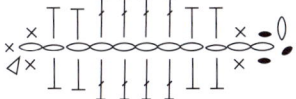

19

COLEUS
彩葉草

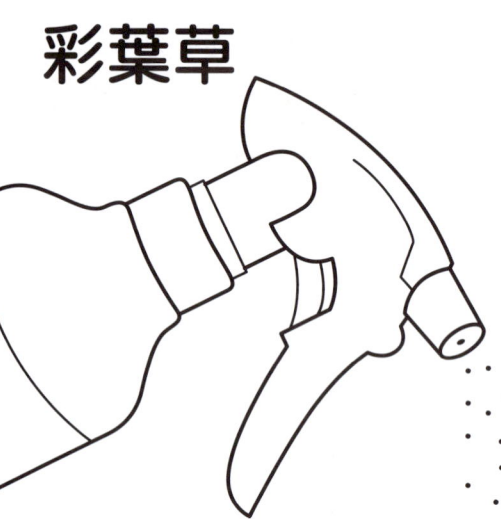

材料 & 工具
- 3.5mm 和 2.5mm 鉤針
- 棉質中量毛線：**粉紅色、米白色、咖啡色**，各一球（50克）
- 棉質輕量毛線：**粉紅色、深粉紅色、萊姆綠色**，各一球（50克）
- **黑色和粉紅色**散線
- 8mm 娃娃眼睛
- 纖維填充物
- 縫針
- 記號別針

完成尺寸
高 12.5 公分
寬 12.5 公分

織片密度
使用中量毛線：
2.5公分＝5短針×6排
使用輕量毛線：
2.5公分＝6短針×7排

進階

花盆

第1圈：用 **3.5mm** 鉤針及**中量粉紅色**線，以環形起針法起6短針[共6針]
第2圈：每個針目2短針[共12針]
第3圈：（1次1短針、1次2短針）6次[共18針]
第4圈：（2次1短針、1次2短針）6次[共24針]
第5圈：（3次1短針、1次2短針）6次[共30針]
第6圈：（4次1短針、1次2短針）6次[共36針]
第7圈：（5次1短針、1次2短針）6次[共42針]
第8圈：只鉤後半針，每個針目1短針[共42針]
第9-13圈：每個針目1短針[共42針]
第14圈：（6次1短針、1次2短針）6次[共48針]
第15圈：每個針目1短針[共48針]
第16圈：換**中量米白色**線，每個針目1短針[共48針]
第17圈：每個針目1短針[共48針]

將 8mm 娃娃眼睛嵌進**第13**和**第14圈**之間，中間相隔五個針目。塞入填充物，先不要收針跟剪線，接下來製作泥土，完成後再進行**第18圈**。

第18圈：把泥土放進花盆裡，並將泥土的**第8圈**和花盆的**第17圈**對齊，用鉤花盆的毛線把兩片的所有針目（包括前後針），整圈以短針拼接在一起。（請參考P122）[共48針]

第19圈：起1鎖針，每個針目1短針，以1引拔針連接第一個針目[共48針]

第20圈：每個針目1引拔針[共48針]

隱形收針（請參考P120）並藏線頭。用**黑色**及**粉紅色**的毛線縫上嘴巴和臉頰（請參考P124）。

接著開始塑型，製作出花盆底部凹槽（請參考P122）。收尾剪線並藏線頭。

泥土

第1圈：用 **3.5mm 鉤針**及**中量咖啡色**線，以環形起針法起6短針[共6針]

第2圈：每個針目2短針[共12針]

第3圈：（1次1短針、1次2短針）6次[共18針]

第4圈：（2次1短針、1次2短針）6次[共24針]

第5圈：（3次1短針、1次2短針）6次[共30針]

第6圈：（4次1短針、1次2短針）6次[共36針]

第7圈：（5次1短針、1次2短針）6次[共42針]

第8圈：（6次1短針、1次2短針）6次[共48針]

隱形收針並藏線頭。

大葉子（製作4片）

第1圈：用 **2.5mm 鉤針**及**輕量粉紅色**線，起12鎖針，自鉤針側算起第二針目鉤1短針、1中長針、1長針、下一個鎖針裡鉤2長針、2次1短針、2次1中長針、2次1短針、最後一個鎖針裡鉤3短針。再從另一側開始依序鉤2次1短針、2次1中長針、2次1短針、下個鎖針裡鉤2長針、1長針、1中長針、1短針[共25針]

第2圈：2次1短針、下三個針目裡各鉤2短針、7次1短針、下個針目裡鉤3短針、7次1短針、下三個針目裡各鉤2短針、2次1短針[共33針]

第3圈：換**輕量深粉紅色**線，4次1短針、（1短針+1下拉短針+2次1短針）4次、1短針+起3鎖針+第二和第三個鎖針裡各鉤1短針、3次1短針、（1短針+1下拉短針+2次1短針）4次、1短針[共43短針]

第4圈：換**輕量萊姆綠色**線，5次1短針、（1短針+起3鎖針+1短針、2次1短針）6次、起3鎖針、2次1短針、（1短針+起3鎖針+1短針、2次1短針）6次、2次1短針[共57針]

下一針目鉤1引拔針，隱形收針並藏線頭。將葉片底部往內捏住後，用熱熔槍或是縫線固定（如圖1）。

再把大葉片以相同間距固定於泥土上（如圖2）。

中型葉子（製作 4 片）

第 1 圈：用 **2.5mm** 鉤針及**輕量粉紅色線**，起 9 鎖針，自鉤針側算起第二針目鉤 1 短針、1 中長針、下一個鎖針裡鉤 2 長針、2 次 1 中長針、2 次 1 短針、最後一鎖針裡鉤 3 短針。再從另一側開始依序鉤 2 次 1 短針、2 次 1 中長針、下個鎖針裡鉤 2 長針、1 中長針、1 短針 [共 19 針]

第 2 圈：2 次 1 短針、下兩個針目各鉤 2 短針、5 次 1 短針、下個針目鉤 3 次短針、5 次短針、下兩個針目各鉤 2 短針、2 次 1 短針 [共 25 針]

第 3 圈：換**輕量深粉紅色線**，3 次 1 短針、（1 短針＋1 下拉短針＋2 次 1 短針）3 次、1 短針＋起 3 鎖針＋第二和第三個鎖針各鉤 1 短針、2 次 1 短針、（1 短針＋1 下拉短針＋2 次 1 短針）3 次、1 短針 [共 33 短針]

第 4 圈：換**輕量萊姆綠色線**，4 次 1 短針、（1 短針＋起 3 鎖針＋1 短針、2 次 1 短針）4 次、起 3 鎖針、4 次 1 短針、（1 短針＋起 3 鎖針＋1 短針、2 次 1 短針）4 次、1 短針 [共 43 針]

下一針目鉤 1 引拔針，隱形收針並藏線頭。將葉片底部往內捏住後，用熱熔槍或是縫線固定。再把中型葉子以相同間距固定於大葉子之間（如圖 3）。

小葉子（製作 2 片）

第 1 圈：用 **2.5mm** 鉤針及**輕量粉紅色線**，起 9 鎖針，自鉤針側算起第二針目鉤 1 短針、1 中長針、下一個鎖針裡鉤 2 長針、2 次 1 中長針、2 次 1 短針、最後一個鎖針裡鉤 3 短針。再從另一側開始依序鉤 2 次 1 短針、2 次 1 中長針、下個鎖針裡鉤 2 長針、1 中長針、1 短針 [共 19 針]

第 2 圈：換**輕量深粉紅色線**，1 短針、（1 短針＋1 下拉短針＋2 次 1 短針）2 次、1 短針＋1 下拉短針、1 短針、1 短針＋起 3 鎖針＋第二和第三個鎖針各鉤 1 短針、1 短針、（1 短針＋1 下拉短針＋2 次 1 短針）2 次、1 短針＋1 下拉短針、1 短針 [共 27 短針]

第 3 圈：換**輕量萊姆綠色線**，3 次 1 短針、（1 短針＋起 3 鎖針＋1 短針、2 次 1 短針）3 次、（1 短針＋起 3 鎖針＋1 短針、在第 2 圈的鎖針上鉤 2 次 1 短針）、起 3 鎖針、2 次 1 短針、（1 短針＋起 3 鎖針＋1 短針、2 次 1 短針）4 次 [共 37 針]

下一針目鉤 1 引拔針，隱形收針並藏線頭。將葉片底部往內捏住後，用熱熔槍或是縫線固定。再把小葉片以相同間距固定於中型葉子之間（如圖 4）。

3

4

盆栽巧思

在思考要送什麼禮物給老師嗎？只要在盆栽上加一張小紙條寫著：「感謝您幫助我成長茁壯」或是「謝謝您總是相信我能根深葉茂」，就能充分傳達自己的心意。

WORM
蚯蚓

材料 & 工具
- 2.5mm 鉤針
- 棉質輕量毛線：**粉紅色**、**橘黃色**，各一球（50克）
- 5mm 娃娃眼睛
- 纖維填充物
- 20 號花藝鐵絲
- 縫針
- 記號別針

完成尺寸
高 5 公分
寬 12.5 公分

織片密度
2.5 公分＝6 短針×7 排

初級

蚯蚓

第 1 圈：用**粉紅色**線，以環形起針法起 6 短針 [共 6 針]

第 2 圈：每個針目 2 短針 [共 12 針]

第 3 圈：（1 次 1 短針、1 次 2 短針）6 次 [共 18 針]

第 4-7 圈：每個針目 1 短針 [共 18 針]

將 5mm 娃娃眼睛嵌進**第 4** 和**第 5** 之間，中間相隔三個針目，接著開始塞入填充物。

第 8 圈：5 次 1 短針、（1 短針減針）4 次、5 次 1 短針 [共 14 針]

第 9 圈：3 次 1 短針、（1 短針減針）4 次、3 次 1 短針 [共 10 針]

第 10 圈：每個針目 1 短針 [共 10 針]

第 11 圈：換**橘黃色**線，每個針目 1 短針 [共 10 針]

第 12 圈：換**粉紅色**線，每個針目 1 短針 [共 10 針]

第 13-16 圈：每個針目 1 短針 [共 10 針]

第 17 圈：換**橘黃色**線，每個針目 1 短針 [共 10 針]

第 18-35 圈：重複**第 12-17 圈**

第 36 圈：換**粉紅色**線，每個針目 1 短針 [共 10 針]

第 37 圈：每個針目 1 短針 [共 10 針]

第 38 圈：（1 短針減針、3 次 1 短針）2 次 [共 8 針]

第 39 圈：每個針目 1 短針 [共 8 針]

第 40 圈：（1 短針減針、2 次 1 短針）2 次 [共 6 針]

塞滿填充物，並將花藝鐵絲穿入蚯蚓身體內。

收針並留一長尾線後剪線，再用縫針穿過整圈的前半針收口，藏好線頭。

將蚯蚓彎曲成扭來扭去的形狀。

魔力紅

紅色在幾乎所有文化中都代表著魔法，
因此花園小精靈傳統上戴著紅色帽子也就不足為奇了。
幾個世紀以來，人們都會在花園裡使用紅色來增添風情。

CHRISTMAS CACTUS
蟹爪蘭
（聖誕仙人掌）

材料 & 工具
- 3.5mm 和 2.5mm 鉤針
- 棉質中量毛線：
  紅色、咖啡色，
  各一球（50克）
- 棉質輕量毛線：
  薄荷綠色、紅色，
  各一球（50克）
- 黑色和粉紅色散線
- 8mm 娃娃眼睛
- 纖維填充物
- 26號花藝鐵絲
- 縫針
- 記號別針

完成尺寸
高 19 公分
寬 18 公分

織片密度
使用中量毛線：
2.5公分＝5短針×6排
使用輕量毛線：
2.5公分＝6短針×7排

進階

花盆

第 1 圈：用 **3.5mm 鉤針**及**中量紅色線**，以環形起針法起6短針[共6針]
第 2 圈：每個針目2短針[共12針]
第 3 圈：（1次1短針、1次2短針）6次[共18針]
第 4 圈：（2次1短針、1次2短針）6次[共24針]
第 5 圈：（3次1短針、1次2短針）6次[共30針]
第 6 圈：（4次1短針、1次2短針）6次[共36針]
第 7 圈：（5次1短針、1次2短針）6次[共42針]
第 8 圈：只鉤後半針，每個針目1短針[共42針]
第 9-13 圈：每個針目1短針[共42針]
第 14 圈：（6次1短針、1次2短針）6次[共48針]
第 15-17 圈：每個針目1短針[共48針]

將 8mm 娃娃眼睛嵌進**第 13** 和**第 14** 圈之間，中間相隔五個針目。塞入填充物，先不要收針跟剪線，接下來製作泥土，完成後再進行**第 18** 圈。

第 18 圈：把泥土放進花盆裡，並將泥土的**第 8** 圈和花盆的**第 17** 圈對齊，用鉤花盆的毛線把兩片的所有針目（包括前後針），整圈以短針拼接在一起（請參考 P122）[共48針]
第 19 圈：起1鎖針，每個針目1短針，以1引拔針連接第一個針目[共48針]
第 20 圈：每個針目1引拔針[共48針]

隱形收針（請參考 P120）並藏線頭。用**黑色**及**粉紅色**的毛線縫上嘴巴和臉頰（請參考 P124）。

接著開始塑型，製作出花盆底部凹槽（請參考 P122）。收尾剪線並藏線頭。

泥土

第 1 圈：用 **3.5mm 鉤針**及**中量咖啡色線**，以環形起針法起6短針[共6針]
第 2 圈：每個針目2短針[共12針]
第 3 圈：（1次1短針、1次2短針）6次[共18針]
第 4 圈：（2次1短針、1次2短針）6次[共24針]
第 5 圈：（3次1短針、1次2短針）6次[共30針]
第 6 圈：（4次1短針、1次2短針）6次[共36針]
第 7 圈：（5次1短針、1次2短針）6次[共42針]
第 8 圈：（6次1短針、1次2短針）6次[共48針]

隱形收針並藏線頭。

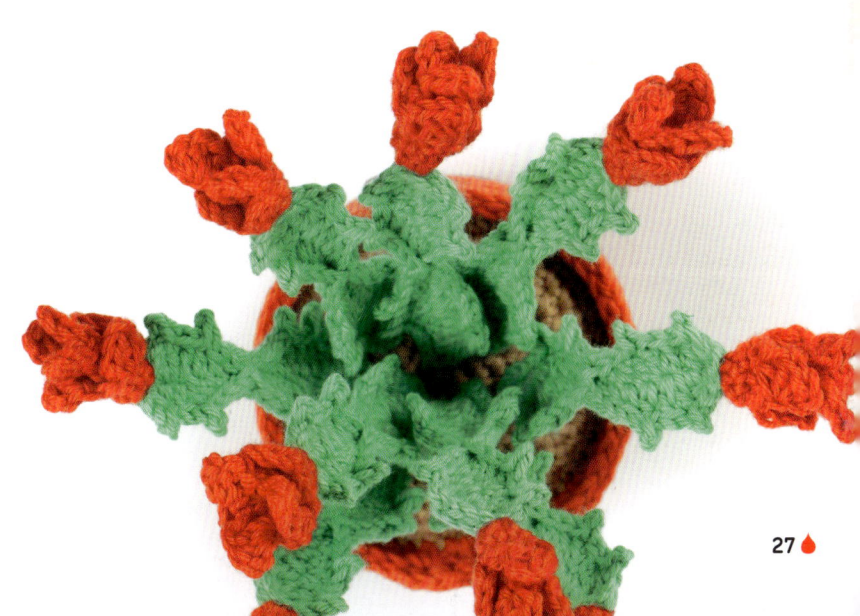

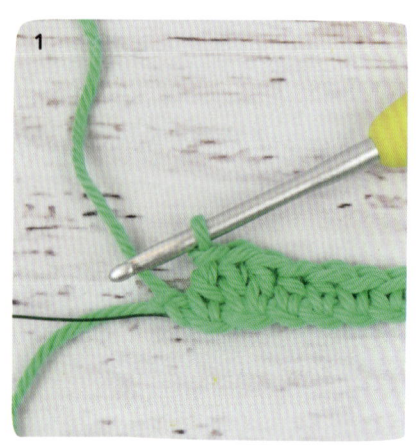

聖誕仙人掌快樂！

你也在猜這種仙人掌跟聖誕節有什麼關聯嗎？其實只是因為開花的季節，恰巧跟傳統聖誕節的日期相近而得名。

花莖（製作9個）

第1圈：用**2.5mm鉤針**及**輕量薄荷綠色**線，起16鎖針；剪一段長15公分的花藝鐵絲，將鐵絲放在基礎鎖針鏈的後方，接下來邊鉤邊用毛線包覆鐵絲（請參考P124）：自鉤針側算起第二針下鉤1短針、1短針、2次1中長針、下一針目鉤2長針、1中長針、4次1短針、2次1中長針、下一針目鉤2長針、1中長針（如圖1）。把鐵絲一端折彎至織片下方，於最後一個針目鉤3短針。再從另一側的針目開始，依序鉤1中長針、下一針目鉤2長針、2次1中長針、4次1短針、1中長針、下一針目鉤2長針、2次1中長針、2次1短針、最後於一開始跳過的第一個鎖針裡鉤2短針（如圖2）[共37針]

第2圈：4次1引拔針、二鎖針結粒針、2次1引拔針、二鎖針結粒針、7次1引拔針、二鎖針結粒針、2次1引拔針、二鎖針結粒針、5次1引拔針、二鎖針結粒針、2次1引拔針、二鎖針結粒針、3次1引拔針。之後先將鉤針穿過花莖另一側的針目，再回到原側的下個針目並鉤1引拔針，以連接花莖兩側（如圖3）。接著3次1引拔針、二鎖針結粒針、2次1引拔針、二鎖針結粒針、6次1引拔針[共45針]

收尾並留一長尾線後剪線，之後以這條尾線把花莖縫在泥土上。

花朵（製作9個）

第1圈：用**2.5mm鉤針**及**輕量紅色**線，以環形起針法起6短針[共6針]
第2圈：每個針目1短針[共6針]
第3圈：（起3鎖針，自鉤針側算起第三針目鉤1中長針＋1長針＋1中長針、只鉤前半針，2次1短針）3次[共15針]
第4圈：回到**第2圈**只鉤後半針，每個針目1短針[共6針]
第5圈：每個針目1短針[共6針]
第6圈：（起3鎖針，自鉤針側算起第三針目鉤1中長針＋1長針＋1中長針、只鉤前半針，2次1短針）3次[共15針]

收針並藏線頭。

將每個花朵固定在花莖頂端（如圖4）。

把三支花插進泥土的中心，並用縫針和尾線固定於泥土上，接著，把剩下的六支圍繞在前三支的外圍並同樣插進泥土中，以縫針固定。最後彎曲花莖做出垂墜感的造型。

LADYBUG 瓢蟲

材料 & 工具	完成尺寸
・2.5mm 鉤針	高 2.5 公分
・棉質輕量毛線：**黑色**、**紅色**，各一球（50 克）	寬 7.5 公分
・6mm 娃娃眼睛	**織片密度**
・纖維填充物	2.5公分=6短針×7排
・縫針	
・記號別針	入門

身體上半部

第 **1** 圈：用**紅色**線，以環形起針法起 6 短針[共6針]

第 **2** 圈：每個針目 1 短針 [共 12 針]

第 **3** 圈：（1 次 1 短針、1 次 2 短針）6 次 [共 18 針]

第 **4** 圈：（2 次 1 短針、1 次 2 短針）6 次 [共 24 針]

第 **5** 圈：（3 次 1 短針、1 次 2 短針）6 次 [共 30 針]

第 **6-8** 圈：每個針目 1 短針 [共 30 針]

收針並藏線頭。

身體下半部

第 **1** 圈：用**黑色**線，以環形起針法起 6 短針[共6針]

第 **2** 圈：每個針目 1 短針 [共 12 針]

第 **3** 圈：（1 次 1 短針、1 次 2 短針）6 次 [共 18 針]

第 **4** 圈：（2 次 1 短針、1 次 2 短針）6 次 [共 24 針]

第 **5** 圈：（3 次 1 短針、1 次 2 短針）6 次 [共 30 針]

開始塞進填充物。

第 **6** 圈：將上半部放在下半部的下方，並將上半部的第 **8** 圈和下半部的第 **5** 圈對齊，用**黑色**線，把兩片拼接在一起，做成瓢蟲的身體。只鉤兩片的後半部，依序鉤 4 次 1 引拔針、（1 引拔針＋起 5 鎖針＋自鉤針側算起第二針目鉤 1 引拔針＋下三個針目各鉤 1 引拔針＋1 引拔針、2 次 1 引拔針）3 次，6 次 1 引拔針、（1 引拔針＋起 5 鎖針＋自鉤針側算起第二針目鉤 1 引拔針＋下三個針目各鉤 1 引拔針＋1 引拔針、2 次 1 引拔針）3 次，2 次 1 引拔針[共 60 針]

塞滿填充物後，收針剪線並藏線頭。

斑點（製作 3 個）

第 **1** 圈：用**黑色**線，以環形起針法起 6 短針，以 1 引拔針連接第一針目 [共 6 針]

收針剪線。將斑點固定於瓢蟲身體上。

觸角（製作 2 個）

第 **1** 圈：用**黑色**線，起 6 鎖針，自鉤針側算起第二針目的裡山開始，鉤 1 短針、下四個針目裡各鉤 1 引拔針[共 5 針]

收針並留一長尾線後剪線。

頭部

第 **1** 圈：用**黑色**線，以環形起針法起 5 短針[共5針]

第 **2** 圈：每個針目 2 短針 [共 10 針]

第 **3** 圈：（1 次 1 短針、1 次 2 短針）5 次 [共 15 針]

第 **4-5** 圈：每個針目 1 短針 [共 15 針]

將 6mm 娃娃眼睛嵌進第 **2** 和第 **3** 圈之間，中間相隔四個針目，再將觸角直接固定在眼睛上方第 **4** 及第 **5** 圈之間。開始塞進填充物。

第 **6** 圈：只鉤後半針，（1 短針、1 短針減針）5 次[共 10 針]

第 **7** 圈：（1 短針減針）5 次 [共 5 針]

塞滿填充物後，收針並留一長尾線後剪線。用縫針將尾線穿過整圈前半針收口，藏線頭。再將頭部固定在身體前方。

POINSETTIA
聖誕紅

材料 & 工具
- 3.5mm 和 2.5mm 鉤針
- 棉質中量毛線：**奶油色、咖啡色**，各一球（50克）
- 棉質輕量毛線：**紅色、深綠色、黃色**，各一球（50克）
- 黑色散線
- 7mm 娃娃眼睛
- 纖維填充物
- 縫針
- 記號別針

完成尺寸
高 10 公分
寬 7.5 公分

織片密度
使用中量毛線：
2.5公分＝5短針×6排
使用輕量毛線：
2.5公分＝6短針×7排

初級

花盆

第1圈：用 **3.5mm** 鉤針及**中量奶油色**線，以環形起針法起6短針 [共6針]

第2圈：每個針目2短針 [共12針]

第3圈：（1次1短針、1次2短針）6次 [共18針]

第4圈：（2次1短針、1次2短針）6次 [共24針]

第5圈：（3次1短針、1次2短針）6次 [共30針]

第6圈：（4次1短針、1次2短針）6次 [共36針]

第7圈：只鉤後半針，每個針目1短針 [共36針]

第8-11圈：每個針目1短針 [共36針]

第12圈：（5次1短針、1次2短針）6次 [共42針]

第13-15圈：每個針目1短針 [共42針]

將 7mm 娃娃眼睛嵌進**第 11** 和**第 12** 圈之間，中間相隔四個針目。塞入填充物，先不要收針跟剪線，接下來製作泥土，完成後再進行**第16**圈。

第16圈：把泥土放進花盆裡，並將泥土的**第 7** 圈和花盆的**第 15** 圈對齊，用鉤花盆的毛線把兩片的所有針目（包括前後針），整圈以短針拼接在一起（請參考P122）[共42針]

第17圈：起1鎖針，每個針目1短針，以1引拔針連接第一個針目 [共42針]

第18圈：每個針目1引拔針 [共42針]

隱形收針（請參考 P120）並藏線頭。用**黑色**及**紅色**的毛線縫上嘴巴和臉頰（請參考P124）。

接著開始塑型，製作出花盆底部凹槽（請參考P122）。收尾剪線並藏線頭。

泥土

第1圈：用 **3.5mm** 鉤針及**中量咖啡色**線，以環形起針法起6短針 [共6針]

第2圈：每個針目2短針 [共12針]

第3圈：（1次1短針、1次2短針）6次 [共18針]

第4圈：（2次1短針、1次2短針）6次 [共24針]

30

第 5 圈：（3 次 1 短針、1 次 2 短針）6 次 [共 30 針]
第 6 圈：（4 次 1 短針、1 次 2 短針）6 次 [共 36 針]
第 7 圈：（5 次 1 短針、1 次 2 短針）6 次 [共 42 針]

隱形收針並藏線頭。

小花瓣（製作 6 個）

第 1 圈：用 **2.5mm** 鉤針及**輕量紅色線**，以環形起針法起 4 短針 [共 4 針]
第 2 圈：（1 次 1 短針、1 次 2 短針）2 次 [共 6 針]
第 3 圈：（2 次 1 短針、1 次 2 短針）2 次 [共 8 針]
第 4 圈：（3 次 1 短針、1 次 2 短針）2 次 [共 10 針]
第 5 圈：（4 次 1 短針、1 次 2 短針）2 次 [共 12 針]
第 6-7 圈：每個針目 1 短針 [共 12 針]
第 8 圈：（1 短針減針、4 次 1 短針）2 次 [共 10 針]
第 9 圈：（1 短針減針、3 次 1 短針）2 次 [共 8 針]

以 1 引拔針鉤進下一個針目，收針並留一長尾線後剪線。不塞填充物，用手攤平並用縫針和尾線收口，接著將兩邊縫在一起。所有花瓣都完成後，再用一花瓣的尾線，把六片花瓣拼接成環狀。（如圖 1）

花芯

第 1 圈：用 **2.5mm** 鉤針及**輕量黃色線**，以環形起針法起 6 短針 [共 6 針]
第 2 圈：只鉤前半針，每個針目 5 短針 [共 30 針]
第 3 圈：回到第 1 圈只鉤後半針，（1 次 2 短針＋起 2 鎖針＋下一針目鉤 2 短針）6 次 [共 36 針]

收針並藏線頭。

大花瓣
（製作 4 個紅色、2 個綠色）

第 1 圈：用 **2.5mm** 鉤針及需要的輕量色線，以環形起針法起 4 短針 [共 4 針]
第 2 圈：（1 次 1 短針、1 次 2 短針）2 次 [共 6 針]
第 3 圈：（2 次 1 短針、1 次 2 短針）2 次 [共 8 針]
第 4 圈：（3 次 1 短針、1 次 2 短針）2 次 [共 10 針]
第 5 圈：（4 次 1 短針、1 次 2 短針）2 次 [共 12 針]
第 6 圈：（5 次 1 短針、1 次 2 短針）2 次 [共 14 針]
第 7-8 圈：每個針目 1 短針 [共 14 針]
第 9 圈：（1 短針減針、5 次 1 短針）2 次 [共 12 針]
第 10 圈：（1 短針減針、4 次 1 短針）2 次 [共 10 針]
第 11 圈：（1 短針減針、3 次 1 短針）2 次 [共 8 針]

以 1 引拔針鉤進下一針目，收針並留一長尾線後剪線。不塞填充物，用手攤平並用縫針和尾線收口，接著將兩邊縫在一起。總共製作 6 片大花瓣：4 片用**紅色**線，2 片用**深綠色**線。

所有花瓣都完成後，再用一花瓣的尾線，把六片花瓣拼接成環狀。（如圖 2）

把大花瓣固定在泥土上，再將小花瓣固定在大花瓣頂端，最後把花芯固定在小花瓣的中心。（如圖 3）

POPPY
罌粟花

材料 & 工具
- 3.5mm 和 2.5mm 鉤針
- 棉質中量毛線：米白色、藍色，各一球（50克）
- 棉質輕量毛線：紅色、黃色、黑色、草綠色，各一球（50克）
- **黑色及粉紅色**散線
- 7mm 娃娃眼睛
- 纖維填充物
- 16 號花藝鐵絲
- 縫針
- 記號別針

完成尺寸
高 16.5 公分
寬 9 公分

織片密度
使用中量毛線：
2.5 公分＝5 短針×6 排
使用輕量毛線：
2.5 公分＝6 短針×7 排

初級

花瓶

第 **1** 圈：用 **3.5mm** 鉤針及**中量米白色**線，以環形起針法起 6 短針 [共 6 針]
第 **2** 圈：每個針目 2 短針 [共 12 針]
第 **3** 圈：（1 次 1 短針、1 次 2 短針）6 次 [共 18 針]
第 **4** 圈：（2 次 1 短針、1 次 2 短針）6 次 [共 24 針]
第 **5** 圈：（3 次 1 短針、1 次 2 短針）6 次 [共 30 針]
第 **6** 圈：（4 次 1 短針、1 次 2 短針）6 次 [共 36 針]
第 **7** 圈：只鉤後半針，每個針目 1 短針 [共 36 針]
第 **8** 圈：每個針目 1 短針 [共 36 針]
第 **9** 圈：（5 次 1 短針、1 次 2 短針）6 次 [共 42 針]

第10-16圈：每個針目1短針［共42針］
第17圈：（1短針減針、5次1短針）6次［共36針］
第18圈：（1短針減針、4次1短針）6次［共30針］
第19圈：（1短針減針、3次1短針）6次［共24針］

將7mm娃娃眼睛嵌進第11和第12圈之間，中間相隔四個針目。塞入填充物，先不要收針跟剪線，接下來製作水面，完成後再進行第20圈。

第20圈：把水面放進花瓶裡，並將水面的第4圈和花瓶的第19圈對齊，用鉤花瓶的毛線把兩片的所有針目（包括前後針），整圈以短針拼接在一起（請參考P122）［共24針］
第21-22圈：每個針目1短針［共24針］
第23圈：（3次1短針、1次2短針）6次［共30針］
第24-25圈：每個針目1短針［共30針］
第26圈：每個針目1引拔針［共30針］

隱形收針（請參考P120）並藏線頭。用**黑色**及**粉紅色**的毛線縫上嘴巴和臉頰（請參考P124）。

接著開始塑型，製作出花瓶底部凹槽（請參考P122）。收尾剪線並藏線頭。

水面

第1圈：用**3.5mm**鉤針及**中量藍色線**，以環形起針法起6短針［共6針］
第2圈：每個針目2短針［共12針］
第3圈：（1次1短針、1次2短針）6次［共18針］
第4圈：（2次1短針、1次2短針）6次［共24針］

隱形收針並藏線頭。

花朵（製作6個）

第1圈：用**2.5mm**鉤針及**輕量紅色線**，以環形起針法起8短針［共8針］
第2圈：每個針目2短針［共16針］

從現在開始，改成「每鉤完一排就翻面鉤下一排」的方式來完成花瓣。

第3排：只鉤前半針，4次1短針，翻面［共4針］
第4排：起1鎖針，下一針目鉤2短針，1短針減針，下一針目鉤2短針，翻面［共5針］
第5排：起1鎖針，下一針目鉤2短針，3次1短針，下一針目鉤2短針，翻面［共7針］
第6排：起1鎖針，下一針目鉤2短針，5次1短針，下一針目鉤2短針，翻面［共9針］
第7排：每個針目1短針［共9針］
第8排：從花瓣左側往下鉤引拔針［共5針］

重複第**3-8**排的步驟三次，一朵花總共鉤出4片花瓣。

做出6朵花，收針剪線並藏線頭。把一朵罌粟花固定在另一朵罌粟花上，兩層花瓣稍微錯開疊放，最後為3朵花。

「花」時間做個有意義的手作

罌粟花在歐洲有著紀念戰爭中陣亡軍人的象徵。只要鉤花朵及花芯的部分，再將安全別針固定在花的背面，就能製作成一個罌粟花紀念胸針。

花芯（製作 3 個）

第 1 圈：用 **2.5mm** 鉤針及**輕量黃色線**，以環形起針法起 10 短針 [共 10 針]

第 2 圈：換**輕量黑色線**，（下一針目鉤 1 引拔針＋起 3 鎖針＋1 引拔針＋起 3 鎖針、1 引拔針＋起 3 鎖針）5 次，下一針目鉤 1 引拔針

收針剪線並藏線頭。

把花芯固定於花朵中央。

花莖（製作 3 個）

第 1 圈：將罌粟花朵的底部朝上，用 **2.5 mm** 鉤針，接**輕量草綠色線**，自反面**第 3 排**的任一針目開始，只鉤後半針，每個針目 1 短針 [共 16 針]

第 2 圈：（1 短針減針，2 次 1 短針）4 次 [共 12 針]

第 3 圈：（1 短針減針，2 次 1 短針）3 次 [共 9 針]

第 4 圈：每個針目 1 短針 [共 9 針]

開始塞進填充物。

第 5 圈：（1 短針減針，1 短針）3 次 [共 6 針]

第 6-14 圈：每個針目 1 短針 [共 6 針]

下一針目鉤 1 引拔針，塞滿填充物後，將花藝鐵絲插進花莖裡，讓鐵絲尾端露出花莖外並保留 2.5 公分後剪斷。收針剪線並藏線頭，將花朵稍微向內彎曲塑型。（如圖 1）

葉子（製作 3 個）

第 1 圈：用 **2.5mm** 鉤針及**輕量草綠色線**，起 10 鎖針，自鉤針側算起第二針目鉤 1 短針、8 次 1 短針、起 2 鎖針，再從另一側開始依序鉤 1 短針、（起 4 鎖針，自鉤針側算起第二針目鉤 1 短針、下兩個針目各鉤 1 短針、2 次 1 短針）4 次 [共 32 針]

第 2 圈：（起 4 鎖針，自鉤針側算起第二針目鉤 1 短針、下兩個針目各鉤 1 短針、2 次 1 短針）5 次，最後一針鉤進上一圈起 2 鎖針所形成的鎖針空隙裡 [共 25 針]

收針剪線後藏線頭。將葉子分別固定在每朵花莖上。（如圖 2）

將完成的罌粟花插進花瓶中。

葉子織圖

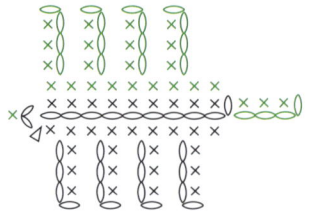

STRAWBERRY PLANT
草莓盆栽

材料 & 工具
- 3.5mm 和 2.5mm 鉤針
- 棉質中量毛線：**紅色、米白色、咖啡色**，各一球（50克）
- 棉質輕量毛線：**薄荷綠色、紅色、黃色、白色**，各一球（50克）
- **黑色及粉紅色**散線
- 8mm 娃娃眼睛
- 纖維填充物
- 26 及 20 號花藝鐵絲
- 縫針
- 記號別針

完成尺寸
高 18 公分
寬 12.5 公分

織片密度
使用中量毛線：
2.5 公分＝5 短針×6 排
使用輕量毛線：
2.5 公分＝6 短針×7 排

進階

花盆

第1圈：用 **3.5mm** 鉤針及**中量紅色**線，以環形起針法起 6 短針 [共 6 針]

第2圈：每個針目 2 短針 [共 12 針]

第3圈：（1 次 1 短針、1 次 2 短針）6 次 [共 18 針]

第4圈：（2 次 1 短針、1 次 2 短針）6 次 [共 24 針]

第5圈：（3 次 1 短針、1 次 2 短針）6 次 [共 30 針]

第6圈：（4 次 1 短針、1 次 2 短針）6 次 [共 36 針]

第7圈：（5 次 1 短針、1 次 2 短針）6 次 [共 42 針]

第8圈：只鉤後半針，每個針目 1 短針 [共 42 針]

第9-13圈：每個針目 1 短針 [共 42 針]

第14圈：（6 次 1 短針、1 次 2 短針）6 次 [共 48 針]

第15圈：每個針目 1 短針 [共 48 針]

第16圈：換**中量米白色**線，每個針目 1 短針 [共 48 針]

第17圈：每個針目 1 短針 [共 48 針]

將 8mm 娃娃眼睛嵌進**第 13** 和**第 14 圈**之間，中間相隔五個針目。塞入填充物，先不要收針跟剪線，接下來製作泥土，完成後再進行**第 18 圈**。

第18圈：把泥土放進花盆裡，並將泥土的**第 8 圈**和花盆的**第 17 圈**對齊，用鉤花盆的毛線把兩片的所有針目（包括前後針），整圈以短針拼接在一起（請參考 P122）[共 48 針]

第19圈：起 1 鎖針，每個針目 1 短針，以 1 引拔針連接第一個針目 [共 48 針]

第20圈：每個針目 1 引拔針 [共 48 針]

隱形收針（請參考 P120）並藏線頭。用**黑色**及**粉紅色**的毛線縫上嘴巴和臉頰（請參考 P124）。接著開始塑型，製作出花盆底部凹槽（請參考 P122）。收尾剪線並藏線頭。

泥土

第1圈：用 **3.5mm** 鉤針及**中量咖啡色**線，以環形起針法起6短針[共6針]
第2圈：每個針目2短針[共12針]
第3圈：（1次1短針、1次2短針）6次 [共18針]
第4圈：（2次1短針、1次2短針）6次 [共24針]
第5圈：（3次1短針、1次2短針）6次 [共30針]
第6圈：（4次1短針、1次2短針）6次 [共36針]
第7圈：（5次1短針、1次2短針）6次 [共42針]
第8圈：（6次1短針、1次2短針）6次 [共48針]

隱形收針並藏線頭。

葉子（製作12個）

第1圈：用 **2.5mm** 鉤針及**輕量薄荷綠色**線，起8鎖針；剪一段長10公分的26號花藝鐵絲，將鐵絲放在基礎鎖針鏈的後方，接下來邊鉤邊用毛線包覆鐵絲（請參考P124）：自鉤針側算起第二針目鉤1短針、1中長針、1長針、下一針鉤2長長針、1長針、1中長針、1短針（如圖1）。起2鎖針，把鐵絲一端折彎至織片下方。再從另一側的針目開始，依序鉤：1短針、1中長針、1長針、下一針目鉤2長長針、1長針、1中長針、1短針（如圖2）[共18針]

第2圈：（下一針目鉤1短針、二鎖針結粒針）18次，下一針目鉤1引拔針、起5鎖針（如圖3），握住第5個鎖針後方露出的鐵絲，邊鉤邊用毛線繞鐵絲：自鉤針側算起第二針目鉤1短針、3次1短針（如圖4）[共39針]

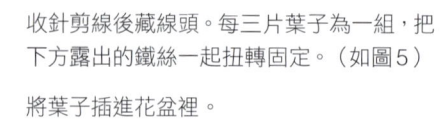

收針剪線後藏線頭。每三片葉子為一組，把下方露出的鐵絲一起扭轉固定。（如圖5）

將葉子插進花盆裡。

葉子織圖

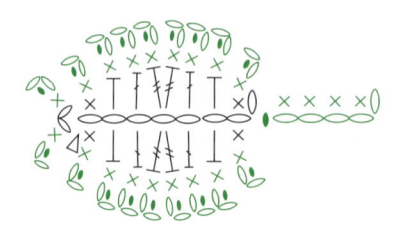

花朵（製作5個）

第1圈：用 **2.5 mm** 鉤針及**輕量黃色線**，以環形起針法起5短針[共5針]

第2圈：換**輕量白色線**，鉤（1引拔針＋起2鎖針＋2長針＋起2鎖針＋1引拔針）5次，下一針目鉤1引拔針[共5片花瓣]

收針剪線後藏線頭。

用20號花藝鐵絲及綠色線，製作5個用毛線纏繞的鐵絲花莖（請參考P124）。將花朵固定在鐵絲花莖頂端（如圖6），插進花盆裡。

草莓（製作5個）

第1圈：用 **2.5 mm** 鉤針及**輕量紅色線**，以環形起針法起6短針[共6針]

第2圈：（1次1短針、1次2短針）3次[共9針]

第3圈：（2次1短針、1次2短針）3次[共12針]

第4圈：（3次1短針、1次2短針）3次[共15針]

第5圈：（4次1短針、1次2短針）3次[共18針]

第6圈：每個針目1短針[共18針]

第7圈：（1短針減針，1短針）6次[共12針]

第8圈：（1短針減針）6次[共6針]

收針剪線後藏線頭。

草莓蒂頭（製作5個）

第1圈：用 **2.5 mm** 鉤針及**輕量薄荷綠色線**，起4鎖針，以1引拔針連接第一個針目，形成圓環狀，（於環狀裡起6鎖針＋1引拔針）5次

收針剪線後，將蒂頭固定於草莓的頂端，並製作5個用毛線纏繞的鐵絲花莖。將鐵絲花莖從蒂頭那一端插入草莓（如圖7），再把整支插進花盆裡。

陽光橘

你可能不相信，但橘色的英文名稱其實是來自柑橘類水果。
而且相傳在 17 世紀以前，蘿蔔都是白色或紫色，
直到荷蘭人為了向奧倫治（oranje）親王致敬，才種植出橘色品種，
後來橘色也成為荷蘭的代表色。

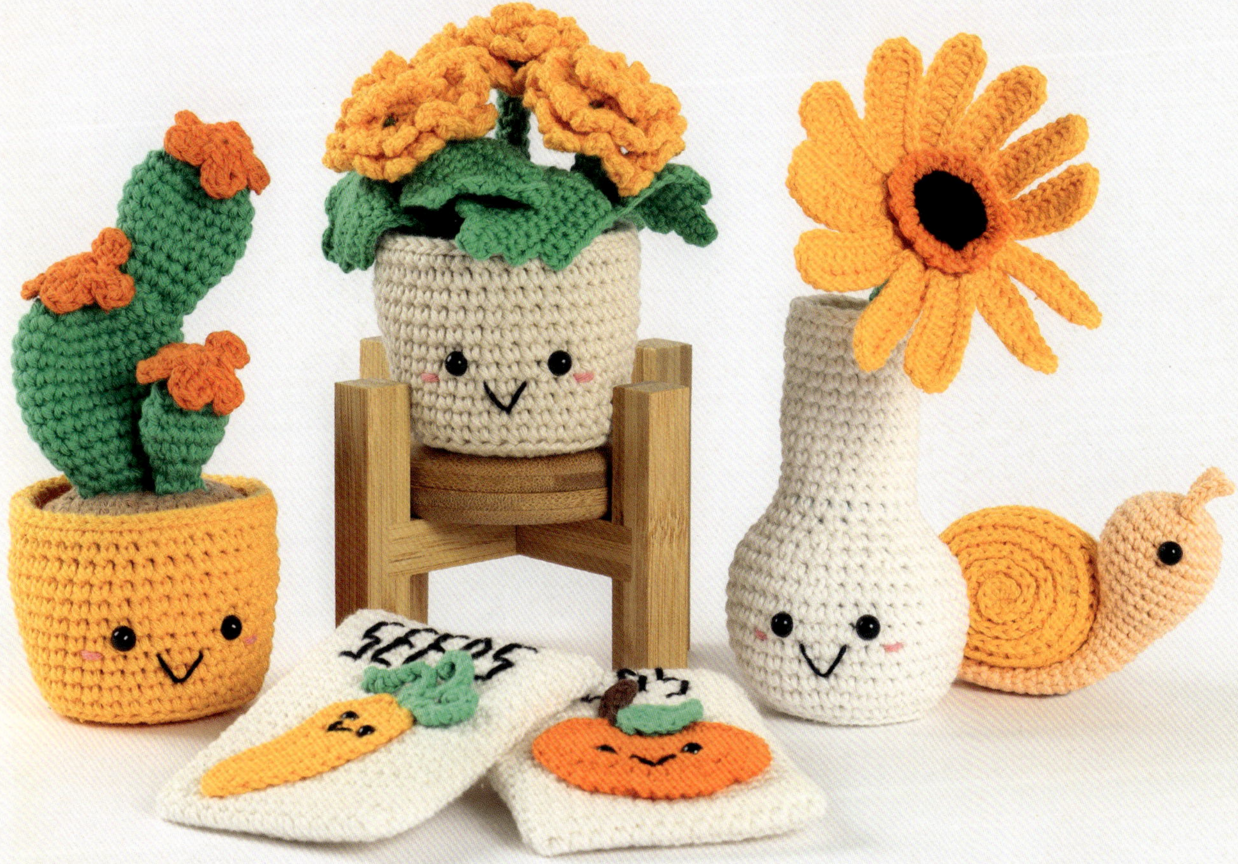
SEEDS

GERBERA 非洲菊

材料 & 工具
- 3.5mm 和 2.5mm 鉤針
- 棉質中量毛線：米白色、藍色，各一球（50克）
- 棉質輕量毛線：黑色、深橘色、橘色、草綠色，各一球（50克）
- 黑色及粉紅色散線
- 7mm 娃娃眼睛
- 纖維填充物
- 絨毛鐵絲
- 縫針
- 記號別針

完成尺寸
高 18 公分
寬 7.5 公分

織片密度
使用中量毛線：
2.5公分＝5短針×6排
使用輕量毛線：
2.5公分＝6短針×7排

進階

花瓶

第 1 圈：用 **3.5mm** 鉤針及**中量米白色**線，以環形起針法起 6 短針 [共 6 針]

第 2 圈：每個針目 2 短針 [共 12 針]

第 3 圈：（1 次 1 短針、1 次 2 短針）6 次 [共 18 針]

第 4 圈：（2 次 1 短針、1 次 2 短針）6 次 [共 24 針]

第 5 圈：（3 次 1 短針、1 次 2 短針）6 次 [共 30 針]

第 6 圈：只鉤後半針，每個針目 1 短針 [共 30 針]

第 7 圈：（4 次 1 短針、1 次 2 短針）6 次 [共 36 針]

第 8-9 圈：每個針目 1 短針 [共 36 針]

第 10 圈：（5 次 1 短針、1 次 2 短針）6 次 [共 42 針]

第 11-13 圈：每個針目 1 短針 [共 42 針]

第 14 圈：（1 短針減針、5 次 1 短針）6 次 [共 36 針]

第 15 圈：（1 短針減針、4 次 1 短針）6 次 [共 30 針]

第 16 圈：（1 短針減針、3 次 1 短針）6 次 [共 24 針]

第 17 圈：（1 短針減針、6 次 1 短針）3 次 [共 21 針]

將 7mm 娃娃眼睛嵌進**第 11** 和**第 12 圈**之間，中間相隔四個針目。

塞入填充物，先不要收針跟剪線。接下來製作水面，完成後再進行**第 18 圈**。

第18圈：把水面放進花瓶裡，並將水面的第4圈和花瓶的第17圈對齊，用鉤花瓶的毛線把兩片的所有針目（包括前後針），整圈以短針拼接在一起（請參考P122）[共21針]

第19-29圈：每個針目1短針 [共21針]

第30圈：每個針目1引拔針 [共21針]

隱形收針（請參考P120）並藏線頭。用**黑色**及**粉紅色**的毛線縫上嘴巴和臉頰（請參考P124）。

接著開始塑型，製作出花瓶底部凹槽（請參考P122）。收尾剪線並藏線頭。

水面

第1圈：用**3.5 mm**鉤針及**中量藍色線**，以環形起針法起6短針[共6針]

第2圈：每個針目2短針 [共12針]

第3圈：（1次1短針、1次2短針）6次 [共18針]

第4圈：（5次1短針、1次2短針）3次 [共21針]

隱形收針並藏線頭。

花朵和花莖

第1圈：用**2.5mm**鉤針及**輕量黑色線**，以環形起針法起6短針[共6針]

第2圈：每個針目2短針 [共12針]

第3圈：（1次1短針、1次2短針）6次 [共18針]

第4圈：換**輕量深橘色線**，只鉤後半針，（2次1短針、1次2短針）6次 [共24針]

第5圈：換**輕量橘色線**，（以1引拔針鉤進下一針目的前半針，起12鎖針，自鉤針側算起第四針目鉤進1長針，接下來八個針目各鉤1長針，最後以1引拔針鉤進**第5圈**下一個針目的前半針）12次 [共12片花瓣]

第6圈：沿著全部花瓣的邊緣鉤引拔針

收針剪線並藏線頭。

第7圈：於**第3圈**的**黑色**線的前半針，接**深橘色線**，只鉤前半針，（1短針、起2鎖針）18次（如圖1）[共54針]

收針剪針並藏線頭。

第8圈：將花朵翻面，於**第4圈**的**深橘色**線的後半針，接**輕量草綠色線**，只鉤後半針，每個針目鉤1短針（如圖2）[共24針]

第9圈：（1短針減針、2次1短針）6次 [共18針]

第10圈：（1短針減針、1短針）6次 [共12針]

第11圈：每個針目1短針 [共12針]

在花莖裡填滿填充物到這一圈。

第12圈：（1短針減針）6次 [共6針]

第13-27圈：每個針目1短針 [共6針]

下一針目鉤1引拔針。把絨毛鐵絲穿進花莖中，尾端留2.5公分長後剪斷（如圖3）。收針剪線並藏線頭，最後將非洲菊插進花瓶裡。

MARIGOLD 萬壽菊

材料 & 工具
- 3.5mm 和 2.5mm 鉤針
- 棉質中量毛線：**奶油色、咖啡色**，各一球（50克）
- 棉質輕量毛線：**橘色、草綠色**，各一球（50克）
- **黑色及粉紅色**散線
- 7mm 娃娃眼睛
- 纖維填充物
- 20 號花藝鐵絲
- 縫針
- 記號別針

完成尺寸
高 14 公分
寬 7.5 公分

織片密度
使用中量毛線：
2.5 公分＝5 短針×6 排
使用輕量毛線：
2.5 公分＝6 短針×7 排

入門

泥土

第 1 圈：用 **3.5mm** 鉤針及**中量咖啡色**線，以環形起針法起 6 短針 [共 6 針]
第 2 圈：每個針目 2 短針 [共 12 針]
第 3 圈：（1 次 1 短針、1 次 2 短針）6 次 [共 18 針]
第 4 圈：（2 次 1 短針、1 次 2 短針）6 次 [共 24 針]
第 5 圈：（3 次 1 短針、1 次 2 短針）6 次 [共 30 針]
第 6 圈：（4 次 1 短針、1 次 2 短針）6 次 [共 36 針]
第 7 圈：（5 次 1 短針、1 次 2 短針）6 次 [共 42 針]

隱形收針（請參考 P120），藏線頭。

花盆

第 1 圈：用 **3.5mm** 鉤針及**中量奶油色**線，以環形起針法起 6 短針 [共 6 針]
第 2 圈：每個針目 2 短針 [共 12 針]
第 3 圈：（1 次 1 短針、1 次 2 短針）6 次 [共 18 針]
第 4 圈：（2 次 1 短針、1 次 2 短針）6 次 [共 24 針]
第 5 圈：（3 次 1 短針、1 次 2 短針）6 次 [共 30 針]
第 6 圈：（4 次 1 短針、1 次 2 短針）6 次 [共 36 針]
第 7 圈：只鉤後半針，每個針目 1 短針 [共 36 針]
第 8-11 圈：每個針目 1 短針 [共 36 針]
第 12 圈：（5 次 1 短針、1 次 2 短針）6 次 [共 42 針]
第 13-15 圈：每個針目 1 短針 [共 42 針]

將 7mm 娃娃眼睛嵌進**第 11** 和 **第 12** 圈之間，中間相隔四個針目，並塞入填充物。

第 16 圈：把泥土放進花盆裡，並將泥土的**第 7 圈**和花盆的**第 15 圈**對齊，用鉤花盆的毛線把兩片的所有針目（包括前後針），整圈以短針拼接在一起（請參考 P122）[共 42 針]
第 17 圈：起 1 鎖針，每個針目 1 短針，以 1 引拔針連接第一個針目 [共 42 針]
第 18 圈：每個針目 1 引拔針 [共 42 針]

42

隱形收針（請參考P120）並藏線頭。用**黑色**及**粉紅色**的毛線縫上嘴巴和臉頰（請參考P124）。接著開始塑型，製作出花盆底部凹槽（請參考P122）。收尾剪線並藏線頭。

萬壽菊花朵（製作 3 個）

第1圈：用 **2.5mm 鉤針**及**輕量橘色線**，以環形起針法起10短針 [共 10針]

第2圈：只鉤前半針，（起4鎖針、跳過下一針目、1短針）5次 [共製造出5個鎖針空隙]

第3圈：（起5鎖針、在下個短針針目裡鉤1短針）5次 [5個鎖針空隙]

第4圈：從**第3圈**的任一鎖針空隙開始，（鉤1短針＋＊起4鎖針＋自鉤針側算起第四針目鉤1長針＋1短針。從＊開始重複3次）5次 [共15個花瓣]

第5圈：從**第2圈**的任一鎖針空隙開始，（鉤1短針＋＊起4鎖針＋自鉤針側算起第四針目鉤1長針＋1短針。從＊開始重複2次）5次 [共10個花瓣]

收針剪線並藏線頭。將花朵翻面底部朝上。

第6圈：自**第2圈**的裡山接**輕量草綠色線**，每個裡山針目鉤1短針（如圖1）[共10針]

第7圈：（3次1短針，1短針減針）2次 [共8針]

第8圈：（2次1短針，1短針減針）2次 [共6針]

第9-18圈：每個針目1短針 [共6針]

收針，將花莖塞滿填充物後，穿入花藝鐵絲，鐵絲尾端留2.5公分長。用縫針及尾線穿過整圈前半針收口。共製作3朵花，第二和第三朵只需鉤到**第14圈**。

花芯（製作 3 個）

第1圈：用 **2.5mm 鉤針**和**輕量橘色線**，以環形起針法起5短針 [共5針]

第2圈：（鉤1引拔針＋起4鎖針＋自鉤針側算起第四針目鉤1長針＋1引拔針＋起4鎖針＋自鉤針側算起第四針目鉤1長針＋1引拔針）5次 [共10個花瓣]

收針剪線。將花芯固定於花朵中央。

葉子（製作 6 個）

第1圈：用 **2.5mm 鉤針**及**輕量草綠色線**，起12鎖針，自鉤針側算起第二針目鉤1短針，9次1短針，最後一個針目鉤3短針。再從另一側的針目開始，依序鉤9次1短針，最後一個針目鉤2短針 [共24針]

第 2-6 圈皆為不完整的針數圈。

第2圈：9次1短針，翻面 [共9針]

第3圈：起1鎖針、9次1短針、1次3短針、9次1短針，翻面 [共21針]

第4圈：起1鎖針、10次1短針、下兩個針目裡各鉤2短針、7次1短針，翻面 [共21針]

第5圈：起1鎖針、8次1短針、下兩個針目裡各鉤2短針、9次1短針，翻面 [共21針]

第6圈：起1鎖針、10次1短針、1引拔針 [共11針]

收針剪線並藏線頭。總共製作6片葉子，再將每兩片葉子固定於花莖的底部（如圖2）。葉子固定完成後，把3朵花插進泥土裡。

PRiCKLY PEAR CACTUS
縮刺仙人掌

材料 & 工具
- 3.5mm 鉤針
- 棉質中量毛線：**橘色、咖啡色、草綠色、深橘色**，各一球（50 克）
- **黑色及粉紅色**散線
- 7mm 娃娃眼睛
- 纖維填充物
- 縫針
- 記號別針

完成尺寸
高 18 公分
寬 7.5 公分

織片密度
2.5 公分＝5 短針 × 6 排

初級

花盆

第 **1** 圈：用**橘色**線，以環形起針法起 6 短針 [共 6 針]

第 **2** 圈：每個針目 2 短針 [共 12 針]

第 **3** 圈：（1 次 1 短針、1 次 2 短針）6 次 [共 18 針]

第 **4** 圈：（2 次 1 短針、1 次 2 短針）6 次 [共 24 針]

第 **5** 圈：（3 次 1 短針、1 次 2 短針）6 次 [共 30 針]

第 **6** 圈：（4 次 1 短針、1 次 2 短針）6 次 [共 36 針]

第 **7** 圈：只鉤後半針，每個針目 1 短針 [共 36 針]

第 **8-11** 圈：每個針目 1 短針 [共 36 針]

第 **12** 圈：（5 次 1 短針、1 次 2 短針）6 次 [共 42 針]

第 **13-15** 圈：每個針目 1 短針 [共 42 針]

將 7mm 娃娃眼睛嵌進第 **11** 和第 **12** 圈之間，中間相隔四個針目。塞入填充物，先不要收針跟剪線，接下來製作泥土，完成後再進行第 **16** 圈。

第 **16** 圈：把泥土放進花盆裡，並將泥土的第 **7** 圈和花盆的第 **15** 圈對齊，然後用鉤花盆的毛線把兩片的所有針目（包括前後針），整圈以短針拼接在一起（請參考 P122）[共 42 針]

第 **17** 圈：起 1 鎖針，每個針目 1 短針，以 1 引拔針連接第一個針目 [共 42 針]

第 **18** 圈：每個針目 1 引拔針 [共 42 針]

44

隱形收針（請參考 P120）並藏線頭。用**黑色**及**粉紅色**的毛線縫上嘴巴和臉頰（請參考 P124）。

接著開始塑型，製作出花盆底部凹槽（請參考 P122）。收尾剪線並藏線頭。

泥土

第 **1** 圈：用**咖啡色**線，以環形起針法起 6 短針[共 6 針]
第 **2** 圈：每個針目 2 短針 [共 12 針]
第 **3** 圈：（1 次 1 短針、1 次 2 短針）6 次 [共 18 針]
第 **4** 圈：（2 次 1 短針、1 次 2 短針）6 次 [共 24 針]
第 **5** 圈：（3 次 1 短針、1 次 2 短針）6 次 [共 30 針]
第 **6** 圈：（4 次 1 短針、1 次 2 短針）6 次 [共 36 針]
第 **7** 圈：（5 次 1 短針、1 次 2 短針）6 次 [共 42 針]

隱形收針並藏線頭。

仙人掌 A

第 **1** 圈：用**草綠色**線，以環形起針法起 6 短針[共 6 針]
第 **2** 圈：每個針目 2 短針 [共 12 針]
第 **3** 圈：（1 次 1 短針、1 次 2 短針）6 次 [共 18 針]
第 **4** 圈：（2 次 1 短針、1 次 2 短針）6 次 [共 24 針]
第 **5-10** 圈：每個針目 1 短針 [共 24 針]
第 **11** 圈：（1 短針減針、2 次 1 短針）6 次 [共 18 針]
第 **12** 圈：每個針目 1 短針 [共 18 針]
第 **13** 圈：（1 短針減針、1 短針）6 次 [共 12 針]
第 **14** 圈：每個針目 1 短針 [共 12 針]

收針並留一長尾線後剪線，塞入少許填充物，壓平塑型後，用縫針和尾線，將仙人掌 A 的第 **14** 圈縫在泥土上。

仙人掌 B

第 **1** 圈：用**草綠色**線，以環形起針法起 6 短針[共 6 針]
第 **2** 圈：每個針目 2 短針 [共 12 針]
第 **3** 圈：（1 次 1 短針、1 次 2 短針）6 次 [共 18 針]
第 **4-7** 圈：每個針目 1 短針 [共 18 針]
第 **8** 圈：（1 短針減針、1 短針）6 次 [共 12 針]
第 **9-10** 圈：每個針目 1 短針 [共 12 針]

收針並留一長尾線後剪線，塞入少許填充物，壓平塑型後，用縫針和尾線，將仙人掌 B 縫在 A 的斜上方。

仙人掌 C

第 **1** 圈：用**草綠色**線，以環形起針法起 6 短針[共 6 針]
第 **2** 圈：每個針目 2 短針 [共 12 針]
第 **3-5** 圈：每個針目 1 短針 [共 12 針]
第 **6** 圈：（1 短針減針）6 次 [共 6 針]
第 **7** 圈：每個針目 1 短針 [共 6 針]

收針並留一長尾線後剪線，塞入少許填充物，壓平塑型後，用縫針和尾線，將仙人掌 C 的第 **7** 圈縫在泥土上。

「針」中紅心

如果有需要加油打氣的朋友，可以做一個仙人掌當作禮物，附上小卡寫著：「一切都在你的『掌』握之中！」

花朵（製作 3 個）

第 **1** 圈：用**深橘色**線，以環形起針法起 5 短針[共 5 針]
第 **2** 圈：（1 引拔針＋起 2 鎖針＋1 長針＋起 2 鎖針＋1 引拔針）5 次 [共 5 片花瓣]

收針剪線並藏線頭。將 3 朵花個別固定於 3 個仙人掌上。

SEED PACKETS
種子袋

材料 & 工具
- 3.5mm 和 2.5mm 鉤針
- 棉質中量毛線：**米白色一球**（50克）
- 棉質輕量毛線：**橘色、薄荷綠色、深橘色、深咖啡色**，各一球（50克）
- **黑色散線**
- 5mm 及 6mm 娃娃眼睛
- 纖維填充物
- 縫針
- 記號別針

完成尺寸
高 10 公分
寬 7.5 公分

織片密度
使用中量毛線：
2.5公分＝5短針×6排
使用輕量毛線：
2.5公分＝6短針×7排

初級

袋子（製作 2 個）

第 1 圈：用 **3.5mm** 鉤針及**中量米白色線**，起 15 鎖針。自鉤針側算起第二針目鉤 1 短針，12 次 1 短針，最後一個針目鉤 3 短針；再從另一側的針目開始，依序鉤 12 次短針，最後一個針目鉤 2 短針 [共 30 針]

第 2-21 圈：每個針目 1 短針 [共 30 針]

第 22 排：2 次 1 短針，目前位置為袋子頂端左上角，起 1 鎖針，翻面，只鉤後半針，1 短針減針、11 次 1 短針、1 短針減針，翻面 [共 13 針]

第 23 排：起 1 鎖針，整排每個針目鉤 1 短針，翻面 [共 13 針]

第 24 排：起 1 鎖針、1 短針減針、9 次 1 短針、1 短針減針，翻面 [共 11 針]

第 25 排：起 1 鎖針，整排每個針目鉤 1 短針 [共 11 針]

收針剪線並藏線頭。在袋子正面用黑色線縫上「SEEDS」的英文字樣。

胡蘿蔔貼花

第1圈：用 **2.5mm** 鉤針及**輕量橘色線**，起 12 鎖針。自鉤針側算起第四針目開始，依序鉤 2 長針（跳過的前三針目作為 1 長針）、1 長針、3 次 1 中長針、3 次 1 短針，最後一針目鉤 1 短針＋起 3 鎖針＋1 短針。再從另一側的針目開始，依序鉤 3 次 1 短針、3 次 1 中長針、1 長針，最後一針目鉤 4 次 1 長針，以 1 引拔針鉤進第一個長針連接整圈 [共 26 針]

第2圈：起 1 鎖針，下兩個針目各鉤 2 短針，8 次 1 短針，在上一圈起 3 鎖針造成的空隙裡鉤 1 短針＋1 鎖針＋1 長針＋1 鎖針＋1 短針，8 次 1 短針，下三個針目各鉤 2 短針，以 1 引拔針鉤進第一個短針連接整圈 [共 31 針]

第3圈：接**輕量薄荷綠色線**，鉤進胡蘿蔔頂部，（起 10 鎖針，自鉤針側算起第二針目開始鉤 1 短針、7 次 1 短針、1 引拔針，最後以 1 引拔針鉤進一開始接綠色線的針目）3 次 [共 30 針]

收針剪線並藏線頭。將胡蘿蔔貼花固定在袋子正面。參照 P46 的圖片，將 5mm 娃娃眼睛嵌進胡蘿蔔跟袋子上**第1**和**第2**圈之間。最後用**黑色**毛線縫上嘴巴（請參考 P124）。將少量填充物放入袋子裡娃娃眼睛後方的位置，並將袋子的開口於背面封口（如圖1）。

南瓜貼花

第1圈：用 **2.5mm** 鉤針及**輕量深橘色線**，以環形起針法起 6 短針 [共 6 針]

第2圈：每個針目 2 短針 [共 12 針]

第3圈：1 中長針、1 次 2 中長針，（1 短針、1 次 2 短針）3 次、1 中長針、1 次 2 中長針、1 短針、1 次 2 短針 [共 18 針]

第4圈：1 中長針、1 次 2 中長針、1 次 2 長針、1 短針、1 次 2 短針、6 次 1 中長針、1 次 2 中長針、1 短針、1 次 2 長針、1 次 2 短針、1 中長針、2 次 1 短針 [共 24 針]

第5圈：2 次 1 短針、1 次 2 中長針、1 中長針、1 次 2 中長針、3 次 1 中長針、1 次 2 中長針、2 次 1 短針、下兩針目各鉤 2 中長針、2 次 1 短針、1 次 2 中長針、3 次 1 中長針、1 次 2 中長針、1 中長針、1 次 2 中長針、2 次 1 短針 [共 32 針]

第6圈：2 次 1 引拔針、1 短針、1 次 2 短針、（3 次 1 短針、1 次 2 短針）2 次、2 次 1 短針、1 次 2 短針、2 次 1 短針、1 次 2 短針、2 次 1 引拔針、1 次 2 短針、（3 次 1 短針、1 次 2 短針）2 次、1 短針、2 次 1 引拔針 [共 40 針]

第7圈：接**輕量深咖啡色線**，鉤進南瓜頂部，起 6 鎖針，自鉤針側算起第二針目開始鉤 1 中長針、4 次 1 短針，以 1 引拔針鉤進南瓜上的下一針目

收針剪線並藏線頭，將南瓜固定在袋子正面。參照 P46 的圖片，將 6mm 娃娃眼睛嵌進南瓜跟袋子上**第3**和**第4**圈之間。用**黑色**毛線縫上嘴巴（請參考 P124）。

將少量填充物放入袋子裡玩偶眼睛後方的位置，並將袋子的開口於背面封口。

葉子

第1圈：用 **2.5 mm** 鉤針及**輕量薄荷綠色線**，起 7 鎖針，自鉤針側算起第二針目鉤 1 引拔針、1 短針、1 中長針、1 長針、1 中長針，最後一針目鉤 3 短針。再從另一側的針目開始，依序鉤 1 中長針、1 長針、1 中長針、1 短針、1 引拔針，最後以 1 引拔針鉤進一開始跳過的第一個針目。

隱形收針（請參考 P120）並藏線頭。將葉子固定於南瓜梗旁。

1

帶來祝福的種子

不將種子袋封口，放進一張禮物卡或是小紙條寫著：「我們『種』是為你加油喔！」

47

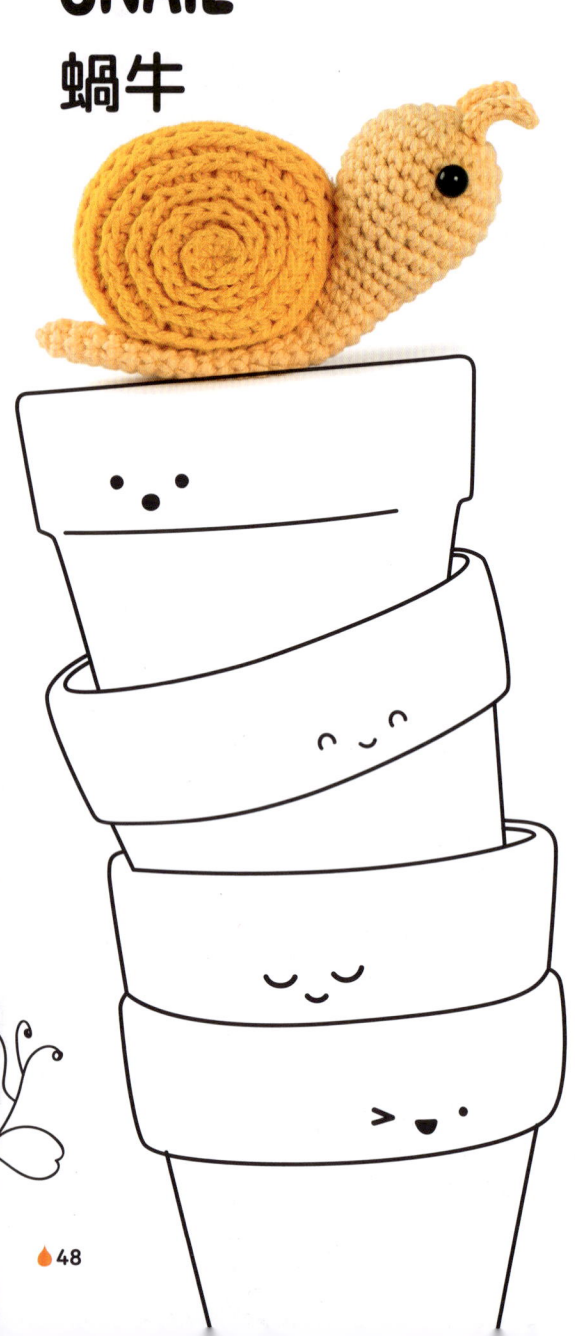

SNAIL
蝸牛

材料 & 工具
- 2.5mm 鉤針
- 棉質輕量毛線：**橘黃色、橘色**，各一球（50克）
- 7mm 娃娃眼睛
- 纖維填充物
- 縫針
- 記號別針

完成尺寸
高7.5公分
寬9公分

織片密度
2.5公分＝6短針×7排

初級

觸角（製作2個）

第1圈：用**橘黃色**線，起7鎖針，自鉤針側算起第二個裡山鉤1短針，5次1引拔針[共6針]

收針剪線，不藏線頭。

頭部和身體

第1圈：用**橘黃色**線，以環形起針法起6短針[共6針]
第2圈：每個針目2短針[共12針]
第3圈：（1次1短針、1次2短針）6次[共18針]
第4圈：（2次1短針、1次2短針）6次[共24針]
第5-8圈：每個針目1短針[共24針]
第9圈：（1短針減針、2次1短針）6次[共18針]
第10圈：每個針目1短針[共18針]

48

將 7mm 娃娃眼睛嵌進**第 5** 和**第 6 圈**之間，中間相隔八個針目。將觸角直接固定於眼睛上方**第 2** 和**第 3 圈**之間。開始塞入填充物。

第 11 圈：（1 短針減針、4 次 1 短針）3 次 [共 15 針]

第 12 圈：每個針目 1 短針 [共 15 針]

第 13 圈：（1 短針減針、3 次 1 短針）3 次 [共 12 針]

在頭部塞滿填充物，接下來的身體部分不塞填充物。

第 14-29 圈：每個針目 1 短針 [共 12 針]

第 30 圈：（1 短針減針、2 次 1 短針）3 次 [共 9 針]

第 31 圈：每個針目 1 短針 [共 9 針]

第 32 圈：（1 短針減針、1 短針）3 次 [共 6 針]

收針並留一長尾線後剪線。用縫針將尾線穿過整圈前半針收口，藏線頭。

蝸牛殼

第 1 圈：用橘色線，以環形起針法起 7 短針 [共 7 針]

第 2-6 圈只鉤裡山。

第 2 圈：每個針目 2 短針 [共 14 針]

第 3 圈：（1 次 1 中長針、1 次 2 中長針）7 次 [共 21 針]

第 4 圈：（2 次 1 中長針、1 次 2 中長針）7 次 [共 28 針]

第 5 圈：（3 次 1 中長針、1 次 2 中長針）7 次 [共 35 針]

第 6 圈：每個針目 1 中長針 [共 35 針]

沿著最後一圈的針目，反覆鉤 1 短針、1 引拔針，結束螺旋狀織片。收針剪線後藏線頭。

重複**第 1-6 圈**，製作蝸牛殼的另一半，留 60 公分的尾線後剪線。把兩片蝸牛殼以正面朝外合併對齊，用縫針及尾線，穿進兩織片的後半針，縫合在一起。（如圖 1，從下方針目穿到上方針目，反覆相同動作至整圈結束）

一邊縫合蝸牛殼，一邊鬆散地塞進填充物。完成後將蝸牛殼固定於身體上。

蝸牛冷知識

你知道蝸牛得花 33 小時才能走完一英哩（約 1.6 公里）嗎？而且小小的蝸牛，竟然是動物界牙齒最多的？牠們甚至一次能睡上三年之久！

1

活力黃

明亮的顏色總是能吸引人的目光，
尤其黃色最引人注目，因為它是光譜中最明亮的顏色。
太陽的顏色實際上是白色的，但由於光的散射，
使我們看到的太陽光變成了黃色。

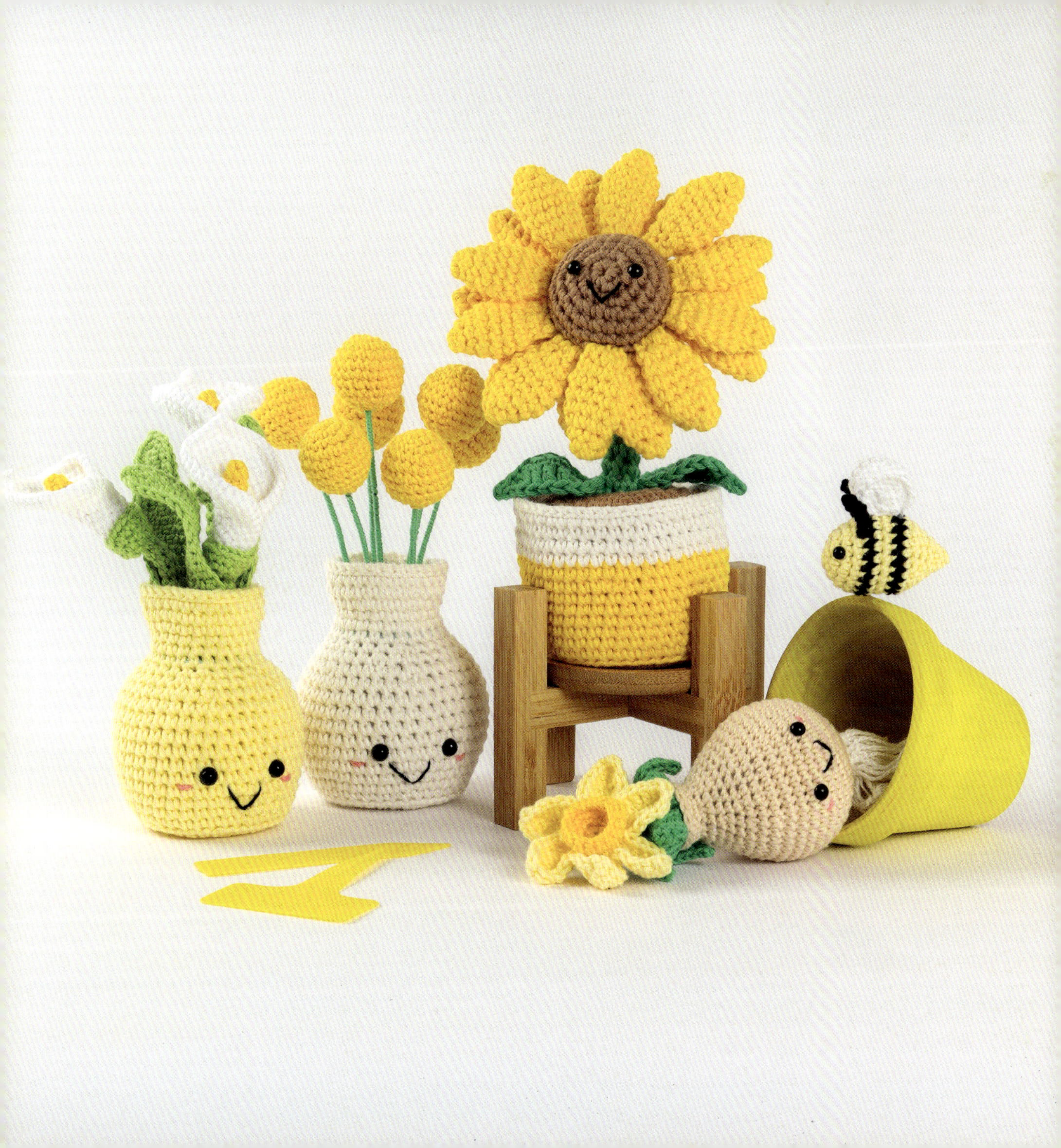

BILLY BUTTONS
金杖球

材料 & 工具
- 3.5mm 和 2.5mm 鉤針
- 棉質中量毛線：**米白色、藍色**，各一球（50克）
- 棉質輕量毛線：**黃色、草綠色**，各一球（50克）
- **黑色及粉紅色**散線
- 7mm 娃娃眼睛
- 纖維填充物
- 20號花藝鐵絲
- 縫針
- 記號別針

完成尺寸
高20公分
寬7.5公分

織片密度
使用中量毛線：
2.5公分＝5短針×6排
使用輕量毛線：
2.5公分＝6短針×7排

初級

花瓶

第1圈：用 **3.5 mm** 鉤針及**中量米白色**線，以環形起針法起6短針 [共6針]
第2圈：每個針目2短針 [共12針]
第3圈：（1次1短針、1次2短針）6次 [共18針]
第4圈：（2次1短針、1次2短針）6次 [共24針]
第5圈：（3次1短針、1次2短針）6次 [共30針]
第6圈：（4次1短針、1次2短針）6次 [共36針]
第7圈：只鉤後半針，每個針目1短針 [共36針]
第8圈：每個針目1短針 [共36針]
第9圈：（5次1短針、1次2短針）6次 [共42針]
第10-16圈：每個針目1短針 [共42針]

DAFFODIL BULB
水仙花球莖

材料 & 工具
- 2.5mm 鉤針
- 棉質輕量毛線：**米白色、棕黃色、草綠色、淺黃色、深黃色**，各一球（50克）
- **黑色**及**粉紅色**散線
- 6mm 娃娃眼睛
- 纖維填充物
- 縫針
- 記號別針

完成尺寸
高 15 公分
寬 6.5 公分

織片密度
2.5 公分＝6 短針 × 7 排

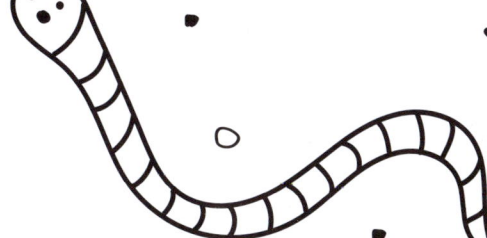

入門

第 3 圈：（1 次 1 短針、1 次 2 短針）6 次 [共 18 針]

第 4 圈：（2 次 1 短針、1 次 2 短針）6 次 [共 24 針]，隱形收針並藏線頭

花朵（製作 3 個）

第 1 圈：用 **2.5mm** 鉤針及**輕量白色線**，以環形起針法起 5 短針 [共 5 針]

第 2 圈：每個針目 2 短針 [共 10 針]

第 3 圈：每個針目 2 短針 [共 20 針]

第 4 圈：（1 次 1 短針、1 次 2 短針）10 次 [共 30 針]

第 5 圈：（2 次 1 短針、1 次 2 短針）10 次 [共 40 針]

第 6 圈：（3 次 1 短針、1 次 2 短針）10 次 [共 50 針]

第 7 圈：（4 次 1 短針、1 次 2 短針）4 次，4 次 1 短針，下一針目鉤 1 短針 + 起 3 鎖針 + 1 短針，（4 次 1 短針、1 次 2 短針）5 次 [共 60 針]

隱形收針，留一條長尾線後剪線。將尾線朝下，以第 7 圈起 3 鎖針處作為頂端中央位置，將兩邊捲起呈漏斗狀。用縫針將捲起的兩邊縫合 2.5 公分，底部為花莖預留一個小開口。（如圖 1）

花莖（製作 3 個）

第 1 圈：用 **2.5mm** 鉤針及**輕量深黃色線**，以環形起針法起 6 短針 [共 6 針]

第 2-8 圈：每個針目 1 短針 [共 6 針]

第 9 圈：換**輕量萊姆綠色線**，每個針目 1 短針 [共 6 針]

第 10 圈：只鉤後半針，每個針目 1 短針 [共 6 針]

第 11-22 圈：每個針目 1 短針 [共 6 針]

下一針目鉤 1 引拔針。將絨毛鐵絲穿入花莖，在花莖底部預留 2.5 公分長的鐵絲。收針剪線後藏線頭。第二個花莖重複**第 1-19 圈**；第三個花莖重複**第 1-16 圈**。3 個花莖都需要完成**第 23-25 圈**的步驟。

第 23 圈：於**第 9 圈**的後半針，接萊姆綠色線，只鉤後半針，每個針目 2 短針 [共 12 針]（如圖 2）

第 24 圈：（3 次 1 短針、1 次 2 短針）3 次 [共 15 針]

第 25 圈：（4 次 1 短針、1 次 2 短針）3 次 [共 18 針]

隱形收針，並留一條長尾線後剪線。將花莖從花朵底部塞進去後，用縫針及尾線，把花莖的**第 25 圈**縫在花朵上。（如圖 2）

葉子（製作 3 個）

第 1 圈：用 **2.5mm** 鉤針及**輕量萊姆綠色線**，起 21 鎖針，自鉤針側算起第四針目鉤 1 長針（一開始跳過的 3 鎖針算 1 長針）、5 次 1 長針，6 次 1 中長針，5 次 1 短針，最後一針目鉤 3 短針。再從另一側的針目開始，依序鉤 5 次 1 長針，6 次 1 中長針，5 次 1 長針，最後一針目鉤 1 長針 + 2 中長針 [共 40 針]

第 2 圈：1 次 2 短針，18 次 1 短針，下一針目鉤 1 短針 + 起 2 鎖針 + 1 短針，18 次 1 短針，1 次 2 短針，最後一針目鉤 1 短針 [共 45 針]

下一針目鉤 1 引拔針，收針剪線後藏線頭。把每片葉子固定在各個花莖底部。（如圖 3）

把完成的馬蹄蓮放進花瓶。

葉子織圖

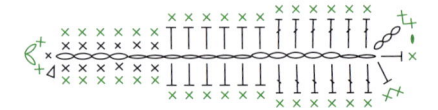

CALLA LILY
馬蹄蓮

材料 & 工具
- 3.5mm 和 2.5mm 鉤針
- 棉質中量毛線：**水仙黃色、藍色**，各一球（50克）
- 棉質輕量毛線：**白色、深黃色、萊姆綠色**，各一球（50克）
- **黑色**及**粉紅色**散線
- 7mm 娃娃眼睛
- 纖維填充物
- 絨毛鐵絲
- 縫針
- 記號別針

完成尺寸
高18公分
寬7.5公分

織片密度
使用中量毛線：
2.5公分＝5短針×6排
使用輕量毛線：
2.5公分＝6短針×7排

初級

花瓶

第 **1** 圈：用 **3.5mm** 鉤針及**中量水仙黃色**線，以環形起針法起6短針 [共6針]

第 **2** 圈：每個針目2短針 [共12針]

第 **3** 圈：（1次1短針、1次2短針）6次 [共18針]

第 **4** 圈：（2次1短針、1次2短針）6次 [共24針]

第 **5** 圈：（3次1短針、1次2短針）6次 [共30針]

第 **6** 圈：（4次1短針、1次2短針）6次 [共36針]

第 **7** 圈：只鉤後半針，每個針目1短針 [共36針]

第 **8** 圈：每個針目1短針 [共36針]

第 **9** 圈：（5次1短針、1次2短針）6次 [共42針]

第 **10-16** 圈：每個針目1短針 [共42針]

第 **17** 圈：（1短針減針、5次1短針）6次 [共36針]

第 **18** 圈：（2次1短針、1短針減針、2次1短針）6次 [共30針]

第 **19** 圈：（1短針減針、3次1短針）6次 [共24針]

將 7mm 娃娃眼睛嵌進第 **11** 和第 **12** 圈之間，中間相隔四個針目。塞入填充物，先不要收針跟剪線，接下來製作水面，完成後再進行第 **20** 圈。

第 **20** 圈：把水面放進花瓶裡，並將水面的第 **4** 圈和花瓶的第 **19** 圈對齊，用鉤花瓶的毛線把兩片的所有針目（包括前後針），整圈以短針拼接在一起（請參考P122）[共24針]

第 **21-22** 圈：每個針目1短針 [共24針]

第 **23** 圈：（3次1短針、1次2短針）6次 [共30針]

第 **24-25** 圈：每個針目1短針 [共30針]

第 **26** 圈：每個針目1引拔針 [共30針]

隱形收針（請參考P120）並藏線頭。用**黑色**及**粉紅色**的毛線縫上嘴巴和臉頰（請參考P124）。接著開始塑型，製作花瓶底部凹槽（請參考P122）後收尾。

水面

第 **1** 圈：用 **3.5mm** 鉤針及**中量藍色**線，以環形起針法起6短針 [共6針]

第 **2** 圈：每個針目2短針 [共12針]

54

第 **17** 圈：（1 短針減針、5 次 1 短針）6 次 [共 36 針]

第 **18** 圈：（2 次 1 短針、1 短針減針、2 次 1 短針）6 次 [共 30 針]

第 **19** 圈：（1 短針減針、3 次 1 短針）6 次 [共 24 針]

將 7mm 娃娃眼睛嵌進**第 11** 和**第 12** 圈之間，中間相隔四個針目。塞入填充物，先不要收針跟剪線，接下來製作水面，完成後再進行**第 20** 圈。

第 **20** 圈：把水面放進花瓶裡，並將水面的**第 4** 圈和花瓶的**第 19** 圈對齊，用鉤花瓶的毛線把兩片的所有針目（包括前後針），整圈以短針拼接在一起（請參考 P122）[共 24 針]

第 **21-22** 圈：每個針目 1 短針 [共 24 針]

第 **23** 圈：（3 次 1 短針、1 次 2 短針）6 次 [共 30 針]

第 **24-25** 圈：每個針目 1 短針 [共 30 針]

第 **26** 圈：每個針目 1 引拔針 [共 30 針]

隱形收針（請參考 P120）並藏線頭。用**黑色**及**粉紅色**的毛線縫上嘴巴和臉頰（請參考 P124）。

接著開始塑型，製作出花瓶底部凹槽（請參考 P122）。收尾剪線並藏線頭。

水面

第 **1** 圈：用 **3.5 mm** 鉤針及**中量藍色線**，以環形起針法起 6 短針 [共 6 針]

第 **2** 圈：每個針目 2 短針 [共 12 針]

第 **3** 圈：（1 次 1 短針、1 次 2 短針）6 次 [共 18 針]

第 **4** 圈：（2 次 1 短針、1 次 2 短針）6 次 [共 24 針]

隱形收針並藏線頭。

1

2

花朵（製作 7 個）

第 **1** 圈：用 **2.5mm** 鉤針及**輕量黃色線**，以環形起針法起 6 短針 [共 6 針]

第 **2** 圈：每個針目 2 短針 [共 12 針]

第 **3** 圈：（1 次 1 短針、1 次 2 短針）6 次 [共 18 針]

第 **4** 圈：（1 次 1 短針、1 次 2 短針、1 次 1 短針）6 次 [共 24 針]

第 **5-6** 圈：每個針目 1 短針 [共 24 針]

開始塞入填充物。

第 **7** 圈：（1 短針減針、2 次 1 短針）6 次 [共 18 針]

第 **8** 圈：每個針目 1 短針 [共 18 針]

第 **9** 圈：（1 短針減針、1 短針）6 次 [共 12 針]

第 **10** 圈：（1 短針減針）6 次 [共 6 針]

塞滿填充物。

隱形收針，並留一條長尾線後剪線。用縫針將尾線穿過整圈的前半針收口，藏線頭。

花莖（製作 7 個）

剪一條 10 公分長的花藝鐵絲，點一滴熱熔膠在鐵絲的一端。將**輕量草綠色**線纏繞在整根鐵絲上，再點一滴熱熔膠在鐵絲的另一端，固定毛線（如圖 1），將花莖插進花朵中。總共做出 7 支。

把完成的金杖球放進花瓶裡（如圖 2）。

球莖和葉子

第1圈：用米白色線，以環形起針法起6短針[共6針]

第2圈：每個針目2短針[共12針]

第3圈：換棕黃色線，（1次1短針、1次2短針）6次[共18針]

第4圈：（2次1短針、1次2短針）6次[共24針]

第5圈：（3次1短針、1次2短針）6次[共30針]

第6圈：（4次1短針、1次2短針）6次[共36針]

第7圈：（5次1短針、1次2短針）6次[共42針]

第8圈：（6次1短針、1次2短針）6次[共48針]

第9-13圈：每個針目2短針[共48針]

第14圈：（3次1短針、1針減針、3次1短針）6次[共42針]

第15圈：（1短針減針、5次1短針）6次[共36針]

第16圈：（2次1短針、1短針減針、2次1短針）6次[共30針]

將6mm娃娃眼睛嵌進第10和第11圈之間，中間相隔五個針目，塞入填充物。

第17圈：（1短針減針、3次1短針）6次[共24針]

第18圈：每個針目1短針[共24針]

第19圈：（1短針、1短針減針、1短針）6次[共18針]

第20圈：每個針目1短針[共18針]

第21圈：（1短針減針、1短針）6次[共12針]

第22圈：換草綠色線，只鉤後半針，每個針目1短針[共12針]

第23圈：只鉤後半針，（1短針減針、2次1短針）3次[共9針]

第24-25圈：每個針目1短針[共9針]

第26圈：（1短針減針、1短針）3次[共6針]

第27-30圈：每個針目1短針[共6針]

塞滿填充物後，收針並留一長尾線後剪線。用縫針將尾線穿過整圈前半針收口，藏線頭。用黑色及粉紅色的毛線縫上嘴巴和臉頰（請參考P124）。

第31圈：於第23圈的任一前半針接草綠色線，（起8鎖針，自鉤針側算起第二針目依序鉤1引拔針、1短針、5次1中長針，於第23圈的下兩針目各鉤1引拔針，起10鎖針，自鉤針側算起第二針目依序鉤1引拔針、1短針、7次1中長針，於第23圈的下一針目鉤1引拔針）3次[共6片葉子]

第32圈：於第22圈的任一前半針接棕黃色線，（3次1短針、1次2短針）3次[共15針]

第33圈：每個針目1短針[共15針]

收針剪線並藏線頭。將米白色短線圍繞綁在第1及第2圈上，用剪刀把線修成一樣的長度，輕輕搓散讓毛線變得蓬鬆。

水仙花

第1圈：用深黃色線，以環形起針法起6短針[共6針]

第2圈：只鉤前半針，每個針目2短針[共12針]

第3圈：（3次1短針、1次2短針）3次[共15針]

第4圈：（4次1短針、1次2短針）3次[共18針]

收針剪線並藏線頭。

第5圈：於第2圈的後半針，接淺黃色線，（起7鎖針，自鉤針側算起第二針目依序鉤1短針、5次1短針，於第2圈的下一針目鉤1短針）6次[共42針]

第6圈：（4次1長針、1中長針、1短針、1引拔針、1短針、1中長針、4次1長針、1引拔針）6次[共6片花瓣]

收針剪線並藏線頭。

將水仙花固定於球莖的頂端。

HONEY BEE 蜜蜂

材料 & 工具
- 2.5mm 鉤針
- 棉質輕量毛線：**黑色**、**水仙黃色**、**白色**，各一球（50克）
- 5mm 娃娃眼睛
- 纖維填充物
- 縫針
- 記號別針

完成尺寸
高 5 公分
寬 5 公分

織片密度
2.5 公分＝6 短針 × 7 排

初級

觸角（製作 2 個）

第 1 圈：用**黑色**線，起 6 鎖針，自鉤針側算起第二個裡山鉤 1 短針，下四個針目各鉤 1 引拔針 [共 5 針]

收針剪線，不藏線頭。

身體

第 1 圈：用**黃色**線，以環形起針法起 5 短針 [共 5 針]
第 2 圈：每個針目 2 短針 [共 10 針]
第 3 圈：（1 次 1 短針、1 次 2 短針）5 次 [共 15 針]
第 4 圈：（2 次 1 短針、1 次 2 短針）5 次 [共 20 針]
第 5 圈：每個針目 1 短針 [共 20 針]
第 6 圈：換**黑色**線，每個針目 1 短針 [共 20 針]
第 7 圈：換**黃色**線，每個針目 1 短針 [共 20 針]
第 8 圈：每個針目 1 短針 [共 20 針]
第 9 圈：換**黑色**線，每個針目 1 短針 [共 20 針]
第 10 圈：換**黃色**線，每個針目 1 短針 [共 20 針]

將 5mm 娃娃眼睛嵌進**第 3** 和**第 4** 圈之間，中間相隔五個針目。將觸角固定於**第 5** 和**第 6** 圈之間，中間相隔二個針目。開始塞入填充物。

第 11 圈：（1 短針減針、2 次 1 短針）5 次 [共 15 針]
第 12 圈：（1 短針減針、1 次 1 短針）5 次 [共 10 針]
第 13 圈：每個針目 1 短針 [共 10 針]
第 14 圈：（1 短針減針）5 次 [共 5 針]

塞滿填充物後，收針並留一長尾線後剪線。用縫針將尾線穿過整圈前半針收口，藏線頭。

翅膀（製作 2 個）

第 1 圈：用**白色**線，以環形起針法起 5 短針 [共 5 針]
第 2 圈：每個針目 2 短針 [共 10 針]
第 3 圈：（1 次 1 短針、1 次 2 短針）5 次 [共 15 針]

下一針目鉤 1 引拔針，隱形收針（請參考 P120）並藏線頭。將兩片翅膀固定於蜜蜂身體上方。

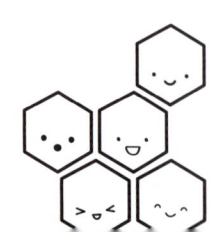

SUNFLOWER
向日葵

材料 & 工具
- 3.5mm 鉤針
- 棉質中量毛線：深黃色、米白色、咖啡色、草綠色，各一球（50克）
- 黑色散線
- 6mm 娃娃眼睛
- 纖維填充物
- 16號花藝鐵絲
- 縫針
- 記號別針

完成尺寸
高 19公分
寬 12.5公分

織片密度
2.5公分＝5短針×6排

初級

花盆

第1圈：用**深黃色**線，以環形起針法起6短針[共6針]
第2圈：每個針目2短針[共12針]
第3圈：（1次1短針、1次2短針）6次[共18針]
第4圈：（2次1短針、1次2短針）6次[共24針]
第5圈：（3次1短針、1次2短針）6次[共30針]
第6圈：（4次1短針、1次2短針）6次[共36針]
第7圈：（5次1短針、1次2短針）6次[共42針]
第8圈：只鉤後半針，每個針目1短針[共42針]
第9-13圈：每個針目1短針[共42針]
第14圈：（6次1短針、1次2短針）6次[共48針]
第15圈：每個針目1短針[共48針]
第16圈：換**米白色**線，每個針目1短針[共48針]
第17圈：每個針目1短針[共48針]

59

塞入填充物，先不要收針跟剪線，接下來製作泥土，完成後再進行**第18圈**。

第18圈：把泥土放進花盆裡，並將泥土的**第8**和花盆的**第17圈**對齊，用鉤花盆的毛線把兩片的所有針目（包括前後針），整圈以短針拼接在一起（請參考P122）[共48針]

第19圈：起1鎖針，每個針目1短針，以1引拔針連接第一個針目[共48針]

第20圈：每個針目1引拔針[共48針]

隱形收針（請參考P120）並藏線頭。

接著開始塑型，製作出花盆底部凹槽（請參考P122）。收尾剪線並藏線頭。

泥土

第1圈：用**咖啡色**線，以環形起針法起6短針[共6針]

第2圈：每個針目2短針[共12針]

第3圈：（1次1短針、1次2短針）6次[共18針]

第4圈：（2次1短針、1次2短針）6次[共24針]

第5圈：（3次1短針、1次2短針）6次[共30針]

第6圈：（4次1短針、1次2短針）6次[共36針]

第7圈：（5次1短針、1次2短針）6次[共42針]

第8圈：（6次1短針、1次2短針）6次[共48針]

隱形收針並藏線頭。

花芯和花莖

第1圈：用**咖啡色**線，以環形起針法起6短針[共6針]

第2圈：每個針目2短針[共12針]

第3圈：（1次1短針、1次2短針）6次[共18針]

第4圈：（2次1短針、1次2短針）6次[共24針]

第5圈：（3次1短針、1次2短針）6次[共30針]

第6圈：每個針目1短針[共30針]

第7圈：只鉤後半針，每個針目1短針[共30針]

第8圈：換**草綠色**線，只鉤後半針，每個針目1短針[共30針]

將6mm娃娃眼睛嵌進**第2**和**第3**圈之間，中間相隔六個針目。用**黑色**毛線縫上嘴巴（請參考P124）。開始塞入填充物。

你就是我的陽光！

母親節除了康乃馨還可以送什麼花給媽媽呢？當然是向日葵囉！因為你就像陽光一樣，而我就是你的向日葵！

第9圈：（1短針減針、3次1短針）6次[共24針]

第10圈：（1短針減針、2次1短針）6次[共18針]

第11圈：（1短針減針、1短針）6次[共12針]

第12圈：每個針目1短針[共12針]

第13圈：（1短針減針、2次1短針）3次[共9針]

第14-15圈：每個針目1短針[共9針]

第16圈：（1短針減針、1短針）3次[共6針]

第17-27圈：每個針目1短針[共6針]

收針，留一長尾線後剪線。花莖裡塞滿填充物後，把花藝鐵絲穿進花莖中，讓鐵絲超出花莖尾端約4公分長。將花莖插入泥土中央，並用縫針及尾線把花莖的**第27圈**固定在在泥土上。

花瓣（製作20個）

第1圈：用**深黃色線**，以環形起針法起5短針[共5針]

第2圈：每個針目1短針[共5針]

第3圈：每個針目2短針[共10針]

第4-7圈：每個針目1短針[共10針]

第8圈：（1短針減針）5次[共5針]

收針，留一長尾線後剪線。用縫針及尾線，將花瓣的**第8**圈併縫。

把10個花瓣縫合固定於花芯**第8**圈的前半針，再將剩下的10個花瓣縫合固定於花芯**第7**圈的前半針。

稍微彎曲花莖，使其維持平衡，以防花瓣的重量翻倒花盆。

葉子（製作2個）

第1圈：用**草綠色線**，起10鎖針，自鉤針側算起第二針目鉤1引拔針、1短針、1中長針、4次1長針、1中長針、最後一針目鉤3短針。再從另一側的針目開始，依序鉤1中長針、4次1長針、1中長針、1短針、1引拔針，於一開始跳過的針目裡鉤1引拔針[共20針]

隱形收針並藏線頭。

將葉子固定於泥土上花莖的兩側。

葉子織圖

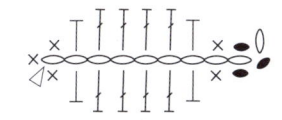

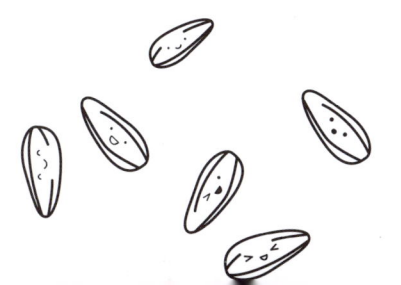

有機綠

一種名為葉綠素的複雜化學物質賦予植物們綠色的外表。
許多綠色色調都以植物命名或與植物有關,
例如地衣綠、森林綠、萊姆綠、鼠尾草綠和薄荷綠。

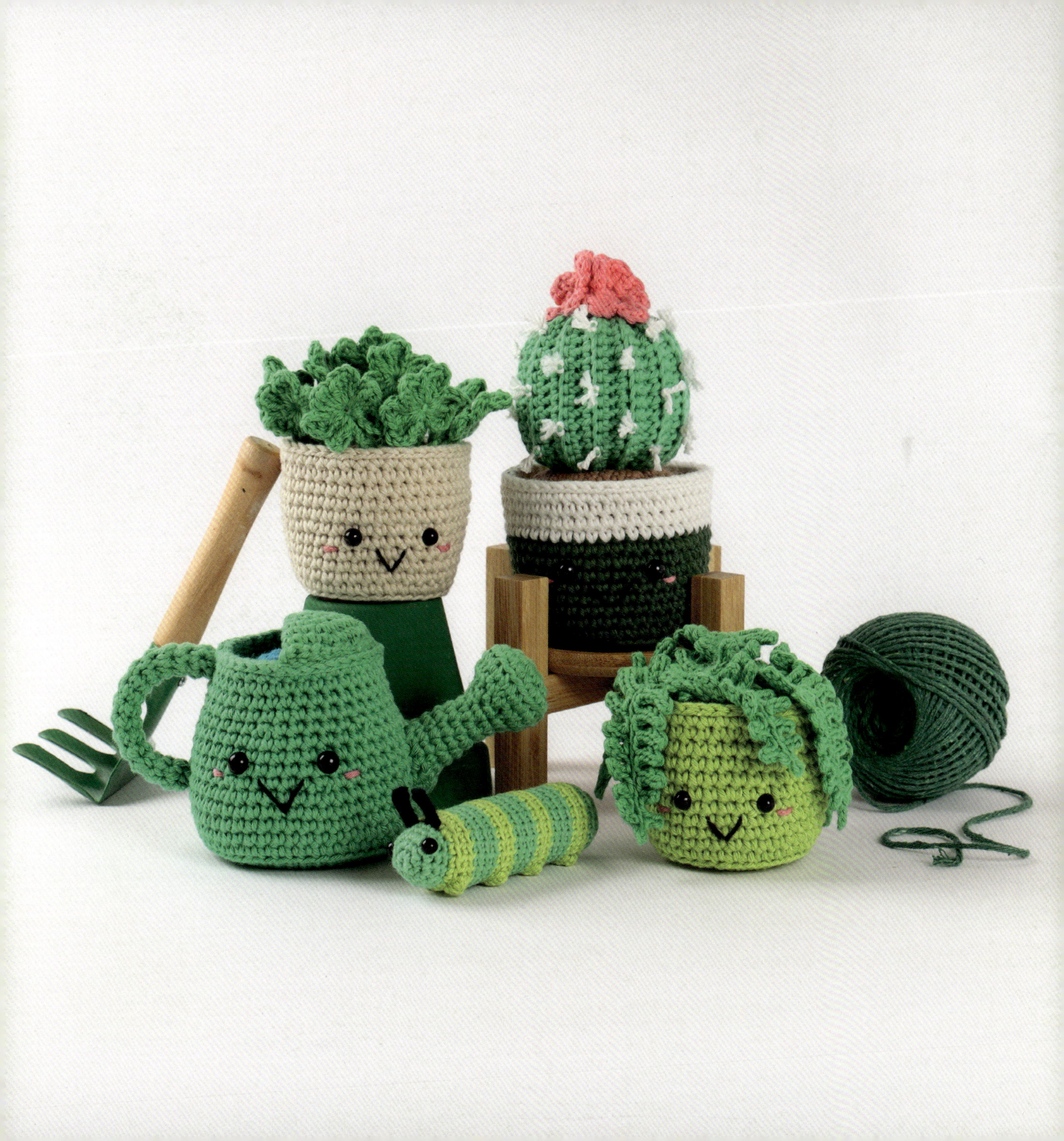

BARREL CACTUS
圓筒仙人掌

材料 & 工具
- 3.5mm 鉤針
- 棉質中量毛線：**深綠色、米白色、咖啡色、草綠色、粉紅色**，各一球（50克）
- **黑色散線**
- 8mm 娃娃眼睛
- 纖維填充物
- 縫針
- 記號別針

完成尺寸
高 16.5 公分
寬 9 公分

織片密度
2.5公分＝5短針 × 6排

初級

花盆

第1圈：用**深綠色**線，以環形起針法起 6 短針 [共6針]

第2圈：每個針目 2 短針 [共12針]

第3圈：（1次1短針、1次2短針）6次 [共18針]

第4圈：（2次1短針、1次2短針）6次 [共24針]

第5圈：（3次1短針、1次2短針）6次 [共30針]

第6圈：（4次1短針、1次2短針）6次 [共36針]

第7圈：（5次1短針、1次2短針）6次 [共42針]

第8圈：只鉤後半針，每個針目 1 短針 [共42針]

第9-13圈：每個針目 1 短針 [共42針]

第 14 圈：（6 次 1 短針、1 次 2 短針）6 次 [共 48 針]

第 15 圈：每個針目 1 短針 [共 48 針]

第 16 圈：換米白色線，每個針目 1 短針 [共 48 針]

第 17 圈：每個針目 1 短針 [共 48 針]

將 8mm 娃娃眼睛嵌進第 13 和第 14 圈之間，中間相隔五個針目。塞入填充物，先不要收針跟剪線，接下來製作泥土，完成後再進行第 18 圈。

第 18 圈：把泥土放進花盆裡，並將泥土的第 8 圈和花盆的第 17 圈對齊，用鉤花盆的毛線把兩片的所有針目（包括前後針），整圈以短針拼接在一起（請參考 P122）[共 48 針]

第 19 圈：起 1 鎖針，每個針目 1 短針，以 1 引拔針連接第一個針目 [共 48 針]

第 20 圈：每個針目 1 引拔針 [共 48 針]

隱形收針（請參考 P120）並藏線頭。用黑色及粉紅色的毛線縫上嘴巴和臉頰（請參考 P124）。

接著開始塑型，製作出花盆底部凹槽（請參考 P122）。收尾剪線並藏線頭。

泥土

第 1 圈：用咖啡色線，以環形起針法起 6 短針 [共 6 針]

第 2 圈：每個針目 2 短針 [共 12 針]

第 3 圈：（1 次 1 短針、1 次 2 短針）6 次 [共 18 針]

第 4 圈：（2 次 1 短針、1 次 2 短針）6 次 [共 24 針]

第 5 圈：（3 次 1 短針、1 次 2 短針）6 次 [共 30 針]

第 6 圈：（4 次 1 短針、1 次 2 短針）6 次 [共 36 針]

第 7 圈：（5 次 1 短針、1 次 2 短針）6 次 [共 42 針]

第 8 圈：（6 次 1 短針、1 次 2 短針）6 次 [共 48 針]

隱形收針並藏線頭。

仙人掌

第 1 排：先預留一條長尾線，用草綠色線，起 18 鎖針，自鉤針側算起第二針目鉤 1 短針、16 次 1 短針，翻面 [共 17 針]

第 2 排：只鉤後半針，起 1 鎖針，整排鉤 1 短針，翻面 [共 17 針]

第 3-27 排：重複第 2 排

第 28 排：把長方形織片捲起成圓筒狀，對齊第 1 排和第 27 排的針目，再將兩排的所有針目（包含前後針）以引拔針拼接在一起（請參考 P122）[共 17 針]

收針，留一條長尾線後剪線。

利用縫針及兩條尾線開始將仙人掌的兩側收口，先將其中一側針目對齊，反覆以前方穿入、後方穿出的方式縫合並拉緊線，接著在中間塞滿填充物後，以同樣方式縫合另一側。

熟能生巧，人人做得到！

當你發現前幾圈裡有一處鉤錯的時候，別害怕將已經鉤好的圈數解開重新鉤。只要過程中多練習，你一定可以對鉤織的技巧瞭若指「掌」！

把仙人掌縫在泥土上。用剪短的米白色線，於第 1-27 排之間的前半針裡，打上結並拉開線，做成仙人掌針刺。

仙人掌花（製作 3 個）

第 1 圈：用粉紅色線，以環形起針法起 5 短針 [共 5 針]

第 2 圈：（1 引拔針＋起 2 鎖針＋1 長針＋起 2 鎖針＋1 引拔針）5 次 [共 5 片花瓣]

收針剪線並藏線頭。

把花固定在仙人掌的頂端。

CLOVER
三葉草

材料 & 工具
- 3.5mm 和 2.5mm 鉤針
- 棉質中量毛線：**奶油色、咖啡色**，各一球（50克）
- 棉質輕量毛線：**草綠色**一球（50克）
- **黑色**及**粉紅色**散線
- 7mm 娃娃眼睛
- 纖維填充物
- 26 號花藝鐵絲
- 縫針
- 記號別針

完成尺寸
高 9 公分
寬 9 公分

織片密度
使用中量毛線：
2.5 公分＝5 短針×6 排
使用輕量毛線：
2.5 公分＝6 短針×7 排

初級

花盆

第 **1** 圈：用 **3.5mm** 鉤針及**中量奶油色**線，以環形起針法起 6 短針 [共 6 針]
第 **2** 圈：每個針目 2 短針 [共 12 針]
第 **3** 圈：（1 次 1 短針、1 次 2 短針）6 次 [共 18 針]
第 **4** 圈：（2 次 1 短針、1 次 2 短針）6 次 [共 24 針]
第 **5** 圈：（3 次 1 短針、1 次 2 短針）6 次 [共 30 針]
第 **6** 圈：（4 次 1 短針、1 次 2 短針）6 次 [共 36 針]
第 **7** 圈：只鉤後半針，每個針目 1 短針 [共 36 針]
第 **8-11** 圈：每個針目 1 短針 [共 36 針]
第 **12** 圈：（5 次 1 短針、1 次 2 短針）6 次 [共 42 針]
第 **13-15** 圈：每個針目 1 短針 [共 42 針]

將 7mm 娃娃眼睛嵌進第 **11** 和第 **12** 圈之間，中間相隔四個針目。塞入填充物，先不要收針跟剪線，接下來製作泥土，完成後再進行第 **16** 圈。

第 16 圈：把泥土放進花盆裡，並將泥土的**第 7 圈**和花盆的**第 15 圈**對齊，用鉤花盆的毛線把兩片的所有針目（包括前後針），整圈以短針拼接在一起（請參考P122）[共42針]

第 17 圈：起1鎖針，每個針目1短針，以1引拔針連接第一個針目 [共42針]

第 18 圈：每個針目1引拔針[共42針]

隱形收針（請參考P120）並藏線頭。用**黑色**及**粉紅色**的毛線縫上嘴巴和臉頰（請參考P124）。

接著開始塑型，製作出花盆底部凹槽（請參考P122）。收尾剪線並藏線頭。

泥土

第 1 圈：用 **3.5mm** 鉤針及**中量咖啡色**線，以環形起針法起6短針[共6針]

第 2 圈：每個針目2短針 [共12針]

第 3 圈：（1次1短針、1次2短針）6次 [共18針]

第 4 圈：（2次1短針、1次2短針）6次 [共24針]

第 5 圈：（3次1短針、1次2短針）6次 [共30針]

第 6 圈：（4次1短針、1次2短針）6次 [共36針]

第 7 圈：（5次1短針、1次2短針）6次 [共42針]

隱形收針並藏線頭。

三葉草（製作 12 個）

第 1 圈：剪一條長7.5公分的花藝鐵絲備用。用 **2.5mm** 鉤針及**輕量草綠色**線，以環形起針法：（起4鎖針＋2次1長長針＋1中長針＋2次1長長針＋ 起4鎖針）3次。接著起5鎖針，把花藝鐵絲放在針目下方，一邊用毛線包覆鐵絲一邊依序鉤（請參考P124）：自鉤針側算起第二針目鉤1短針，下三個針目各鉤1短針，最後以1引拔針鉤進一開始的環形裡 [共43針]（如圖1）

隱形收針並藏線頭。總共製作12支。

將三葉草插進泥土裡。

你就是我的幸運草！

只要將鉤織三葉草一開始的步驟，從重複三次換成四次，就能製作出帶著幸運象徵的四葉草。

1

FERN
蕨類盆栽

材料 & 工具
- 3.5mm 和 2.5mm 鉤針
- 棉質中量毛線：**萊姆綠色、咖啡色**，各一球（50克）
- 棉質輕量毛線：**草綠色**一球（50克）
- **黑色**及**粉紅色**散線
- 7mm 娃娃眼睛
- 纖維填充物
- 縫針
- 記號別針

完成尺寸
高 9 公分
寬 9 公分

織片密度
使用中量毛線：
2.5 公分 = 5 短針 × 6 排
使用輕量毛線：
2.5 公分 = 6 短針 × 7 排

初級

花盆

第 1 圈：用 **3.5mm** 鉤針及**中量萊姆綠色**線，以環形起針法起 6 短針 [共 6 針]

第 2 圈：每個針目 2 短針 [共 12 針]

第 3 圈：（1 次 1 短針、1 次 2 短針）6 次 [共 18 針]

第 4 圈：（2 次 1 短針、1 次 2 短針）6 次 [共 24 針]

第 5 圈：（3 次 1 短針、1 次 2 短針）6 次 [共 30 針]

第 6 圈：（4 次 1 短針、1 次 2 短針）6 次 [共 36 針]

第 7 圈：只鉤後半針，每個針目 1 短針 [共 36 針]

第 8-11 圈：每個針目 1 短針 [共 36 針]

第 12 圈：（5 次 1 短針、1 次 2 短針）6 次 [共 42 針]

第 13-15 圈：每個針目 1 短針 [共 42 針]

將 7mm 娃娃眼睛嵌進**第 11** 和**第 12** 圈之間，中間相隔四個針目。塞入填充物後，先不要收針跟剪線，接下來製作泥土，完成之後再進行**第 16 圈**。

第 16 圈：把泥土放進花盆裡，並將泥土的**第 7 圈**和花盆的**第 15 圈**對齊，用鉤花盆的毛線把兩片的所有針目（包括前後針），整圈以短針拼接在一起（請參考P122）[共 42 針]

第 17 圈：起 1 鎖針，每個針目 1 短針，以 1 引拔針連接第一個針目 [共 42 針]

第 18 圈：每個針目 1 引拔針 [共 42 針]

隱形收針（請參考P120）並藏線頭。用**黑色**及**粉紅色**的毛線縫上嘴巴和臉頰（請參考P124）。

接著開始塑型，製作出花盆底部凹槽（請參考P122）。收尾剪線並藏線頭。

泥土

第 1 圈：用 **3.5mm** 鉤針及**中量咖啡色**線，以環形起針法起 6 短針 [共 6 針]

第 2 圈：每個針目 2 短針 [共 12 針]

第 3 圈：（1 次 1 短針、1 次 2 短針）6 次 [共 18 針]

第 4 圈：（2 次 1 短針、1 次 2 短針）6 次 [共 24 針]

第 5 圈：（3 次 1 短針、1 次 2 短針）6 次 [共 30 針]

第 6 圈：（4 次 1 短針、1 次 2 短針）6 次 [共 36 針]

第 7 圈：（5 次 1 短針、1 次 2 短針）6 次 [共 42 針]

隱形收針並藏線頭。

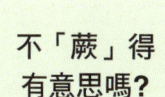

不「蕨」得有意思嗎？

猜猜看，植物們最喜歡上什麼課呢？當然是「綠」動課囉！

蕨類（製作 7 個）

起針一開始打的活結，先預留長 15 公分的尾線。

第 1 圈：用 **2.5mm** 鉤針及**輕量草綠色**線，起 24 鎖針，自鉤針側算起第二針目鉤 1 引拔針，2 次 1 引拔針，（起 3 鎖針、自鉤針側算起第二針目鉤 1 引拔針、1 引拔針、回到基礎鎖針鏈針目裡鉤 2 次 1 引拔針）2 次；

（起 4 鎖針、自鉤針側算起第二針目鉤 1 引拔針、2 次 1 引拔針、回到基礎鎖針鏈針目裡鉤 2 次 1 引拔針）2 次；

（起 5 鎖針、自鉤針側算起第二針目鉤 1 引拔針、3 次 1 引拔針、回到基礎鎖針鏈針目裡鉤 2 次 1 引拔針）2 次；

（起 6 鎖針、自鉤針側算起第二針目鉤 1 引拔針、4 次 1 引拔針、回到基礎鎖針鏈針目裡鉤 2 次 1 引拔針）3 次；

2 次 1 引拔針，起 2 鎖針，再從另一側的針目開始，依序鉤 4 次 1 引拔針，（起 6 鎖針、自鉤針側算起第二針目鉤 1 引拔針、4 次 1 引拔針、回到基礎鎖針鏈針目裡鉤 2 次 1 引拔針）3 次；

（起 5 鎖針、自鉤針側算起第二針目鉤 1 引拔針、3 次 1 引拔針、回到基礎鎖針鏈針目裡鉤 2 次 1 引拔針）2 次；

（起 4 鎖針、自鉤針側算起第二針目鉤 1 引拔針、2 次 1 引拔針、回到基礎鎖針鏈針目裡鉤 2 次 1 引拔針）2 次；

（起 3 鎖針、自鉤針側算起第二針目鉤 1 引拔針、1 引拔針、回到基礎鎖針鏈針目裡鉤 2 次 1 引拔針）2 次 [共 113 針]

收針剪線並藏線頭，留下起針預留的尾線（如圖 1）。用縫針及尾線，把蕨類縫合固定於泥土上。（如圖 2）

讓愛發芽茁壯

鉤好蕨類盆栽之後，只要再加上寫著：「對自己有信心，因為你『蕨』對是最棒的！」的小立牌，就能變成貼心的禮物。

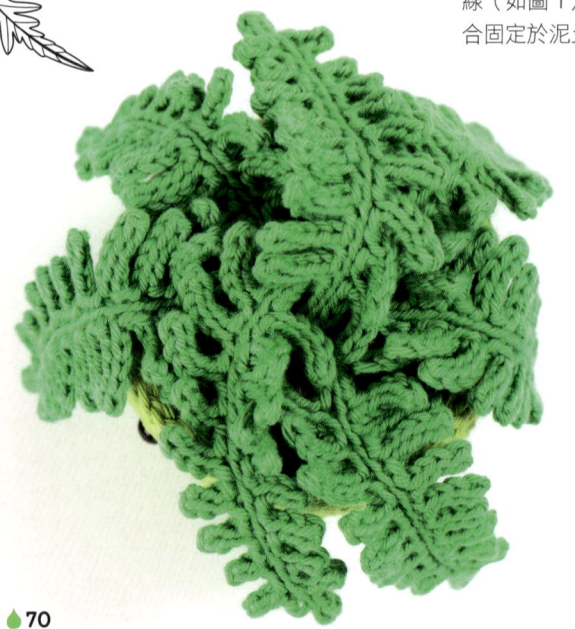

1

2

CaTeRPiLLaR
毛毛蟲

材料 & 工具
- 2.5mm 鉤針
- 棉質輕量毛線：薄荷綠色、萊姆綠色，各一球（50克）
- 黑色散線
- 6mm 娃娃眼睛
- 纖維填充物
- 縫針
- 記號別針

完成尺寸
高 2.5 公分
寬 9 公分

織片密度
2.5 公分＝6 短針 × 7 排

初級

觸角（製作 2 個）

第 1 圈：用**黑色**線，起 6 鎖針，自鉤針側算起第二針目的裡山開始，鉤 1 短針、下四個針目各鉤 1 引拔針 [共 5 針]

收針剪線，不藏線頭。

身體

第 1 圈：用**薄荷綠色**線，以環形起針法起 5 短針 [共 5 針]

第 2 圈：每個針目 2 短針 [共 10 針]

第 3 圈：（1 次 1 短針、1 次 2 短針）5 次 [共 15 針]

第 4-5 圈：每個針目 1 短針 [共 15 針]

第 6 圈：換**萊姆綠色**線，（2 次 1 短針、1 次 2 短針）5 次 [共 20 針]

第 7 圈：只鉤後半針，2 次 1 短針、三長針泡泡針、15 次 1 短針、三長針泡泡針、1 短針 [共 20 針]

將 6mm 娃娃眼睛嵌進身體**第 3** 和**第 4** 圈之間，中間相隔五個針目。將觸角固定於**第 5** 和**第 6** 圈之間，中間相隔一個針目。開始塞入填充物。

第 8 圈：換**薄荷綠色**線，只鉤後半針，每個針目 1 短針 [共 20 針]

第 9-10 圈：只鉤後半針，每個針目 1 短針 [共 20 針]

第 11 圈：換**萊姆綠色**線，只鉤後半針，每個針目 1 短針 [共 20 針]

第 12 圈：只鉤後半針，2 次 1 短針、三長針泡泡針、15 次 1 短針、三長針泡泡針、1 短針 [共 20 針]

第 13-22 圈：重複**第 8-12 圈**兩次

第 23 圈：接**薄荷綠色**線，只鉤後半針，每個針目 1 短針 [共 20 針]

第 24 圈：只鉤後半針，（1 短針減針，2 次 1 短針）5 次 [共 15 針]

第 25 圈：只鉤後半針，（1 短針減針，1 次 1 短針）5 次 [共 10 針]

第 26 圈：只鉤後半針，（1 短針減針）5 次 [共 5 針]

塞滿填充物，收針並留一條長尾線後剪線。用縫針將尾線穿過整圈的前半針收口，藏線頭。

WATERING CAN
澆水壺

材料 & 工具
- 3.5mm 鉤針
- 棉質中量毛線：**草綠色、亮藍色**，各一球（50克）
- **黑色及粉紅色**散線
- 8mm 娃娃眼睛
- 纖維填充物
- 絨毛鐵絲
- 縫針
- 記號別針

完成尺寸
高 10 公分
寬 18 公分

織片密度
2.5 公分＝5 短針×6 排

初級

壺身

第1圈：用**草綠色**線，以環形起針法起 7 短針 [共 7 針]

第2圈：每個針目 2 短針 [共 14 針]

第3圈：（1 次 1 短針、1 次 2 短針）7 次 [共 21 針]

第4圈：（2 次 1 短針、1 次 2 短針）7 次 [共 28 針]

第5圈：（3 次 1 短針、1 次 2 短針）7 次 [共 35 針]

第6圈：（4 次 1 短針、1 次 2 短針）7 次 [共 42 針]

第7圈：（5 次 1 短針、1 次 2 短針）7 次 [共 49 針]

第8圈：只鉤後半圈，每個針目 1 短針 [共 49 針]

第9-12圈：每個針目 1 短針 [共 49 針]

第13圈：（1 短針減針、5 次 1 短針）7 次 [共 42 針]

第14-16圈：每個針目 1 短針 [共 42 針]

第17圈：（1 短針減針、5 次 1 短針）6 次 [共 36 針]

第18-20圈：每個針目 1 短針 [共 36 針]

將8mm娃娃眼睛嵌進**第14**和**第15**圈之間，中間相隔五個針目。塞入填充物，先不要收針跟剪線，接下來製作水面，完成後再進行**第21**圈。

第21圈：把水面放進壺身裡，並將水面的**第6圈**和壺身的**第20圈**對齊，用鉤壺身的毛線把兩片的所有針目（包括前後針），整圈以短針拼接在一起（請參考P122）[共36針]

第22圈：起1鎖針，每個針目1短針，以1引拔針連接第一針[共36針]

第23圈：每個針目1引拔針[共36針]

隱形收針（請參考P120）並藏線頭。用**黑色**及**粉紅色**的毛線縫上嘴巴和臉頰（請參考P124）。

接著開始塑型，製作出澆水壺底部凹槽（請參考P122）。收尾剪線並藏線頭。

水面

第1圈：用**亮藍色**線，以環形起針法起6短針[共6針]

第2圈：每個針目2短針[共12針]

第3圈：（1次1短針、1次2短針）6次[共18針]

第4圈：（2次1短針、1次2短針）6次[共24針]

第5圈：（3次1短針、1次2短針）6次[共30針]

第6圈：（4次1短針、1次2短針）6次[共36針]

隱形收針並藏線頭。

壺蓋

第1圈：用**草綠色**線，以環形起針法起6短針[共6針]

第2圈：每個針目2短針[共12針]

第3圈：（1次1短針、1次2短針）6次[共18針]

第4圈：（2次1短針、1次2短針）6次[共24針]

第5圈：（3次1短針、1次2短針）6次[共30針]

第6圈：（4次1短針、1次2短針）6次[共36針]

收針並留一條長尾線後剪線。把壺蓋對折成兩半，用縫針及尾線把兩邊縫合。

壺嘴

第1圈：用**草綠色**線，以環形起針法起7短針[共7針]

第2圈：每個針目2短針[共14針]

第3圈：（1次1短針、1次2短針）7次[共21針]

第4圈：只鉤後半針，每個針目1短針[共21針]

第5圈：（1短針減針、1短針）7次[共14針]

第6圈：（1短針減針）7次[共7針]

第7圈：每個針目1短針[共7針]

第8圈：6次1短針、1次2短針[共8針]

第9圈：（3次1短針、1次2短針）2次[共10針]

第10圈：每個針目1短針[共10針]

第11圈：（4次1短針、1次2短針）2次[共12針]

第12圈：每個針目1短針[共12針]

第13圈：起1鎖針，6次1短針，剩下的針目不鉤[共6針]

收針並留一條長尾線後剪線。

把手

第1圈：用**草綠色**線，以環形起針法起6短針[共6針]

第2-14圈：每個針目1短針[共6針]

收針並留一條長尾線後剪線。把絨毛鐵絲放進把手裡，再彎成「U」的形狀。

用縫針及尾線，將壺蓋縫在壺身頂部半邊；將把手縫在壺身側邊的**第12**和**22**圈上；將壺嘴縫在壺身另一側的**第10**和**15**圈上，最後藏線頭。

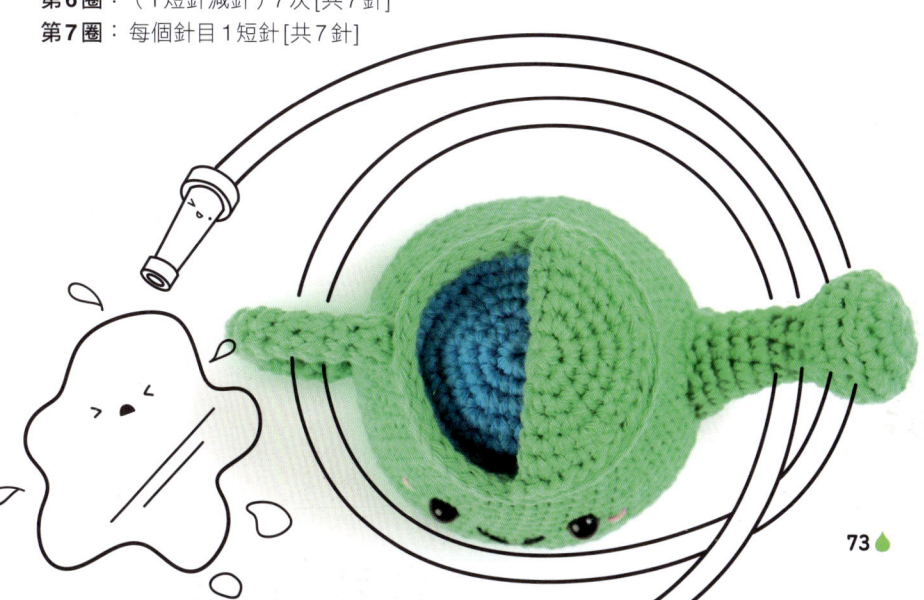

神祕藍

藍色是自然界中最稀有的顏色之一。
即使是少數肉眼看起來是藍色的植物,
實際上本身也不帶有藍色,
它們只是發展出能利用光的原理呈現出藍色的獨特能力。

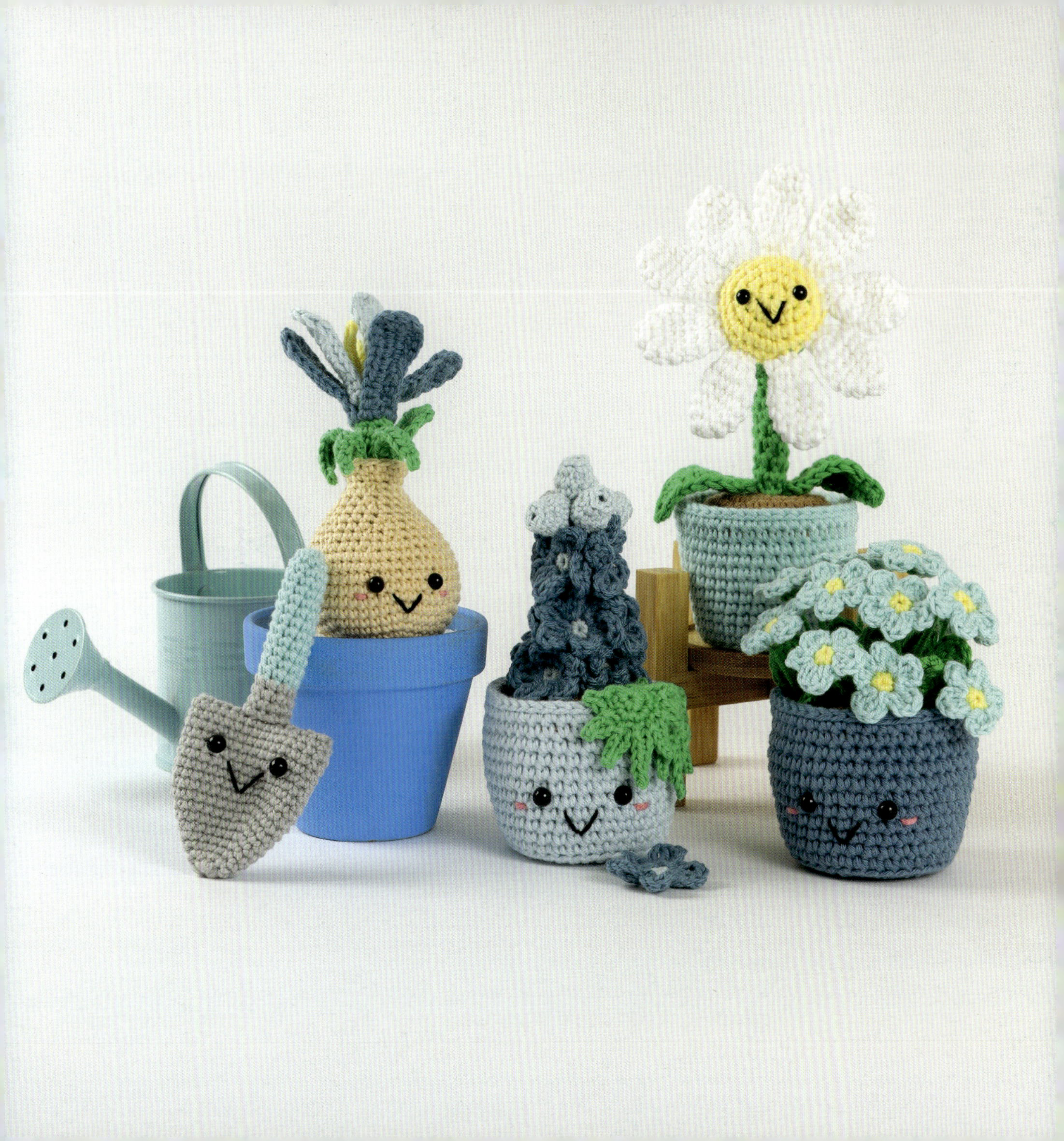

CROCUS BULB
番紅花球莖

材料 & 工具
- 2.5mm 鉤針
- 棉質輕量毛線：米白色、棕黃色、草綠色、水仙黃色、淺藍色、深藍色，各一球（50克）
- 黑色及粉紅色散線
- 6mm 娃娃眼睛
- 纖維填充物
- 縫針
- 記號別針

完成尺寸
高 15 公分
寬 6.5 公分

織片密度
2.5公分＝6短針×7排

初級

球莖和葉子

第1圈：用米白色線，以環形起針法起6短針 [共6針]

第2圈：每個針目2短針 [共12針]

第3圈：換棕黃色線，（1次1短針、1次2短針）6次 [共18針]

第4圈：（2次1短針、1次2短針）6次 [共24針]

第5圈：（3次1短針、1次2短針）6次 [共30針]

第6圈：（4次1短針、1次2短針）6次 [共36針]

第7圈：（5次1短針、1次2短針）6次 [共42針]

第8圈：（6次1短針、1次2短針）6次 [共48針]

第9-13圈：每個針目2短針 [共48針]

第14圈：（3次1短針、1短針減針、3次1短針）6次 [共42針]

第15圈：（1短針減針、5次1短針）6次 [共36針]

第16圈：（2次1短針、1短針減針、2次1短針）6次 [共30針]

將6mm娃娃眼睛嵌進第10和第11圈之間，中間相隔五個針目，開始塞入填充物。

第17圈：（1短針減針、3次1短針）6次 [共24針]

第18圈：每個針目1短針 [共24針]

第19圈：（1短針、1短針減針、1短針）6次 [共18針]

第20圈：每個針目1短針 [共18針]

第21圈：（1短針減針、1短針）6次 [共12針]

第22圈：換**草綠色**線，只鉤後半針，每個針目1短針 [共12針]

第23圈：只鉤後半針，（1短針減針、2次1短針）3次 [共9針]

第24-27圈：每個針目1短針 [共9針]

第28圈：只鉤後半針，每個針目1短針 [共9針]

第29圈：只鉤後半針，（1短針減針、1短針）3次 [共6針]

塞滿填充物後，收針並留一長尾線後剪線。用縫針將尾線穿過整圈前半針收口，藏線頭。用**黑色**及**粉紅色**的毛線縫上嘴巴和臉頰（請參考P124）。

第30圈：於**第29圈**的任一前半針接**水仙黃色**線，（1引拔針、起8鎖針、於鉤針側算起第二針目鉤1引拔針，下六個針目各鉤1引拔針、於**第29圈**的下一針目鉤1引拔針）3次 [共27針]

收針剪線並藏線頭。將**米白色**短線圍繞綁在**第1**及**第2**圈上，用剪刀把線修成一樣的長度後，輕輕搓散讓毛線變得蓬鬆。（如圖1）

第31圈：於**第23圈**的任一前半針接**草綠色**線，（1引拔針，起8鎖針，於鉤針側算起第二針目鉤1引拔針、1短針、5次1中長針，於**第23圈**的下兩針目各鉤1引拔針，起10鎖針，於鉤針側算起第二針目鉤1引拔針、1短針、7次1中長針，於**第23圈**的下一針目鉤1引拔針）3次 [共60針]

收針剪線並藏線頭。

第32圈：於**第22圈**的任一前半針接**棕黃色**線，（3次1短針，1次2短針）3次 [共15針]

第33圈：每個針目1短針 [共15針]

收針剪線並藏線頭。

花瓣
（製作3片淺藍色、3片深藍色）

第1圈：依需要使用**淺藍色**及**深藍色**線，起10鎖針，於鉤針側算起第二針目鉤1短針、2次1短針、3次1中長針、2次1長針，最後一個針目鉤5長針。再從另一側的針目開始，依序鉤2次1長針、3次1中長針、3次1短針 [共21針]

收針並留一長尾線後剪線。用**淺藍色**線及**深藍色**線各製作3片花瓣。（如圖2）

用縫針將淺藍色花瓣縫合固定於球莖**第29圈**的前半針，再將深藍色花瓣縫合固定在**第28圈**的前半針。

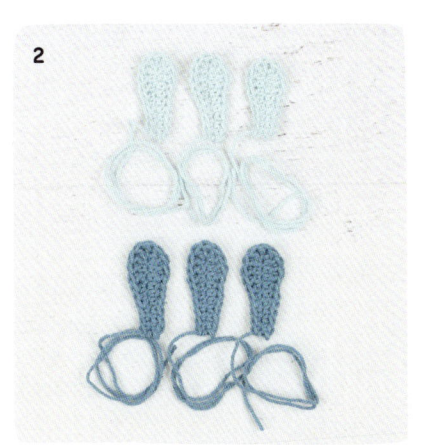

預言季節「番」頁的魔法

番紅花瞬間開花的時刻，即是在預報著春天即將到來的消息。因此，鉤織一個番紅花球莖玩偶，一定也能帶來滿滿彷彿春天般的正能量魔力！

DELPHINIUM
飛燕草

材料 & 工具
- 3.5mm 和 2.5mm 鉤針
- 棉質中量毛線：**淺藍色、咖啡色**，各一球（50克）
- 棉質輕量毛線：**草綠色、淺藍色、深藍色**，各一球（50克）
- **黑色**及**粉紅色**散線
- 7mm 娃娃眼睛
- 纖維填充物
- 縫針
- 記號別針

織片密度
使用中量毛線：
2.5公分＝5短針×6排
使用輕量毛線：
2.5公分＝6短針×7排

完成尺寸
高 16.5公分
寬 7.5公分

初級

花盆

第1圈：用 **3.5mm** 鉤針及**中量淺藍色線**，以環形起針法起6短針[共6針]
第2圈：每個針目2短針[共12針]
第3圈：（1次1短針、1次2短針）6次[共18針]
第4圈：（2次1短針、1次2短針）6次[共24針]
第5圈：（3次1短針、1次2短針）6次[共30針]
第6圈：（4次1短針、1次2短針）6次[共36針]
第7圈：只鉤後半針，每個針目1短針[共36針]
第8-11圈：每個針目1短針[共36針]

第12圈：（5次1短針、1次2短針）6次 [共42針]

第13-15圈：每個針目1短針 [共42針]

將7mm娃娃眼睛嵌進**第11**和**第12**圈之間，中間相隔四個針目。塞入填充物，先不要收針跟剪線，接下來製作泥土，完成後再進行**第16**圈。

第16圈：把泥土放進花盆裡，並將泥土的**第7**圈和花盆的**第15**圈對齊，用鉤花盆的毛線把兩片的所有針目（包括前後針），整圈以短針拼接在一起（請參考P122）[共42針]

第17圈：起1鎖針，每個針目1短針，以1引拔針連接第一個針目 [共42針]

第18圈：每個針目1引拔針 [共42針]

隱形收針（請參考P120）並藏線頭。用**黑色**及**粉紅色**的毛線縫上嘴巴和臉頰（請參考P124）。

接著開始塑型，製作出花盆底部凹槽（請參考P122）。收尾剪線並藏線頭。

泥土

第1圈：用**3.5mm**鉤針及**中量咖啡色**線，以環形起針法起6短針 [共6針]

第2圈：每個針目2短針 [共12針]

第3圈：（1次1短針、1次2短針）6次 [共18針]

第4圈：（2次1短針、1次2短針）6次 [共24針]

第5圈：（3次1短針、1次2短針）6次 [共30針]

第6圈：（4次1短針、1次2短針）6次 [共36針]

第7圈：（5次1短針、1次2短針）6次 [共42針]

花名知多少？

飛燕草的英文名稱「delphinium」源自希臘語「delphis」一詞，其意思是「海豚」。這是因為飛燕草的花苞形狀，就像是一隻飛躍的海豚。

花莖

第 **1** 圈：用 **2.5mm** 鉤針及**輕量草綠色**線，以環形起針法起6短針[共6針]
第 **2-3** 圈：每個針目1短針 [共6針]
第 **4** 圈：（2次1短針、1次2短針）2次 [共8針]
第 **5-6** 圈：每個針目1短針 [共8針]
第 **7** 圈：（3次1短針、1次2短針）2次 [共10針]
第 **8-9** 圈：每個針目1短針 [共10針]
第 **10** 圈：（4次1短針、1次2短針）2次 [共12針]
第 **11-13** 圈：每個針目1短針 [共12針]
第 **14** 圈：（5次1短針、1次2短針）2次 [共14針]
第 **15-17** 圈：每個針目1短針 [共14針]

塞滿填充物，收針並留一長尾線後剪線。用縫針及尾線，將花莖的第 **17** 圈縫在泥土的第 **2** 及第 **3** 圈之間。（如圖1）

花朵（製作 11 個）

第 **1** 圈：用 **2.5mm** 鉤針及**輕量淺藍色**線，以環形起針法起5短針[共5針]
第 **2** 圈：換**深藍色**線，鉤（1引拔針＋起3鎖針＋2長長針＋起3鎖針＋1引拔針）5次[共5片花瓣]

收針剪線並藏線頭。將花朵圍繞固定於花莖上。（如圖2）

花苞（製作 5 個）

第 **1** 圈：用 **2.5mm** 鉤針及**輕量淺藍色**線，以環形起針法起5短針[共5針]
第 **2** 圈：每個針目2短針 [共10針]
第 **3-4** 圈：每個針目1短針 [共10針]
第 **5** 圈：（1短針減針）5次[共5針]

收針剪線並藏線頭。將花苞圍繞固定於花莖頂端。

葉子（製作 2 個）

第 **1** 圈：用 **2.5mm** 鉤針及**輕量草綠色**線，以環形起針法起6短針[共6針]
第 **2** 圈：每個針目2短針 [共12針]

第 **3** 圈：2次1引拔針，起3鎖針，自鉤針側起第二針鉤1引拔針、1短針、1引拔針；

起4鎖針，自鉤針側算起第二針目鉤1引拔針、1短針、1中長針、1引拔針；

起5鎖針，自鉤針側算起第二針目鉤1引拔針、2次1短針、1中長針、1引拔針；

起6鎖針，自鉤針側算起第二針目鉤1引拔針、3次1短針、1中長針、1引拔針；

起5鎖針，自鉤針側算起第二針目鉤1引拔針、2次1短針、1中長針、1引拔針；

起4鎖針，自鉤針側算起第二針目鉤1引拔針、1短針、1中長針、1引拔針；

起3鎖針，自鉤針側算起第二針目鉤1引拔針、1短針、3次1引拔針；

起5鎖針，自鉤針側算起第二針目鉤1引拔針、3次1引拔針，最後以1引拔針鉤進起5鎖針的針目 [共39針]

收針剪線並藏線頭。將葉子固定於泥土上，並垂落於花盆邊緣。

「鏟」除恐懼，嘗試錯誤也是迎向成功的方法！

你聽說過鉤織有一種英文說法叫做「frogging」（蛙式）嗎？這其實是在形容把鉤錯的部分拉散的動作，因為在英文裡把線拉開來的用詞「rip it」像是青蛙鳴叫的諧音一樣。

TROWEL
鏟子

材料 & 工具
- 2.5mm 鉤針
- 棉質輕量毛線：**灰色**、**藍色**，各一球（50克）
- **黑色**散線
- 7mm 娃娃眼睛
- 纖維填充物
- 縫針
- 記號別針

完成尺寸
高 12.5 公分
寬 5 公分

織片密度
2.5 公分 = 6 短針 × 7 排

初級

鏟子

第 **1** 圈：用**灰色**線，以環形起針法起 9 短針 [共 9 針]

第 **2** 圈：（2 次 1 短針、1 次 2 短針）3 次 [共 12 針]

第 **3** 圈：（3 次 1 短針、1 次 2 短針）3 次 [共 15 針]

第 **4** 圈：（4 次 1 短針、1 次 2 短針）3 次 [共 18 針]

第 **5** 圈：（5 次 1 短針、1 次 2 短針）3 次 [共 21 針]

第 **6** 圈：（6 次 1 短針、1 次 2 短針）3 次 [共 24 針]

第 **7** 圈：（7 次 1 短針、1 次 2 短針）3 次 [共 27 針]

第 **8** 圈：（8 次 1 短針、1 次 2 短針）3 次 [共 30 針]

第 **9-17** 圈：每個針目 1 短針 [共 30 針]

將 7mm 娃娃眼睛嵌進第 **12** 和第 **13** 圈之間，中間相隔六個針目。

塞入少量填充物，收針並留一長尾線後剪線。用縫針將尾線穿過整圈前半針收口。並用**黑色**線縫上嘴巴（請參考 P124）。

把手

第 **1** 圈：用**藍色**線，以環形起針法起 5 短針 [共 5 針]

第 **2** 圈：每個針目 2 短針 [共 10 針]

第 **3-12** 圈：每個針目 1 短針 [共 10 針]

第 **13** 圈：換**灰色**線，每個針目 1 短針 [共 10 針]

第 **14-16** 圈：每個針目 1 短針 [共 10 針]

塞滿填充物後，收針並留一長尾線後剪線。

用縫針及尾線，將把手縫合在鏟子上。

DAISY
雛菊

材料 & 工具
- 3.5mm 鉤針
- 棉質中量毛線：藍色、咖啡色、水仙黃色、草綠色、白色，各一球（50克）
- 黑色散線
- 6mm 娃娃眼睛
- 纖維填充物
- 20 號花藝鐵絲
- 縫針
- 記號別針

完成尺寸
高 20 公分
寬 11 公分

織片密度
2.5 公分＝5 短針 × 6 排

初級

花盆

第 1 圈：用**藍色**線，以環形起針法起 6 短針 [共 6 針]

第 2 圈：每個針目 2 短針 [共 12 針]

第 3 圈：（1 次 1 短針、1 次 2 短針）6 次 [共 18 針]

第 4 圈：（2 次 1 短針、1 次 2 短針）6 次 [共 24 針]

第 5 圈：（3 次 1 短針、1 次 2 短針）6 次 [共 30 針]

第 6 圈：（4 次 1 短針、1 次 2 短針）6 次 [共 36 針]

第 7 圈：只鉤後半針，每個針目 1 短針 [共 36 針]

第 8-11 圈：每個針目 1 短針 [共 36 針]

第 12 圈：（5 次 1 短針、1 次 2 短針）6 次 [共 42 針]

第 13-15 圈：每個針目 1 短針 [共 42 針]

開始塞入填充物，先不要收針跟剪線，接下來製作泥土，完成後再進行**第 16 圈**。

第 16 圈：把泥土放進花盆裡，並將泥土的**第 7 圈**和花盆的**第 15 圈**對齊，用鉤花盆的毛線把兩片的所有針目（包括前後針），整圈以短針拼接在一起（請參考 P122）[共 42 針]

第 17 圈：起 1 鎖針，每個針目 1 短針，以 1 引拔針連接第一個針目 [共 42 針]

第 18 圈：每個針目 1 引拔針 [共 42 針]

隱形收針（請參考 P120）並藏線頭。接著開始塑型，製作花盆底部凹槽（請參考 P122）。收尾剪線並藏線頭。

82

泥土

第 1 圈：用**咖啡色**線，以環形起針法起 6 短針[共 6 針]

第 2 圈：每個針目 2 短針 [共 12 針]

第 3 圈：（1 次 1 短針、1 次 2 短針）6 次 [共 18 針]

第 4 圈：（2 次 1 短針、1 次 2 短針）6 次 [共 24 針]

第 5 圈：（3 次 1 短針、1 次 2 短針）6 次 [共 30 針]

第 6 圈：（4 次 1 短針、1 次 2 短針）6 次 [共 36 針]

第 7 圈：（5 次 1 短針、1 次 2 短針）6 次 [共 42 針]

隱形收針並藏線頭。

花芯及花莖

第 1 圈：用**黃色**線，以環形起針法起 6 短針[共 6 針]

第 2 圈：每個針目 2 短針 [共 12 針]

第 3 圈：（1 次 1 短針、1 次 2 短針）6 次 [共 18 針]

第 4 圈：（2 次 1 短針、1 次 2 短針）6 次 [共 24 針]

第 5 圈：每個針目 1 短針 [共 24 針]

第 6 圈：換**草綠色**線，只鉤後半針，每個針目 1 短針 [共 24 針]

第 7 圈：每個針目 1 短針 [共 24 針]

將 6mm 娃娃眼睛嵌進**第 2** 和**第 3** 圈之間，中間相隔六個針目。並用**黑色**毛線縫上嘴巴（請參考 P124）。開始塞入填充物。

第 8 圈：（1 短針減針、1 次 2 短針）6 次 [共 18 針]

第 9 圈：（1 短針減針、1 短針）6 次 [共 12 針]

第 10 圈：每個針目 1 短針 [共 12 針]

第 11 圈：（1 短針減針、1 次 2 短針）3 次 [共 9 針]

第 12-13 圈：每個針目 1 短針 [共 9 針]

第 14 圈：（1 短針減針、1 短針）3 次 [共 6 針]

第 15-24 圈：每個針目 1 短針 [共 6 針]

收針，留一長尾線後剪線。將花莖裡塞滿填充物後，把花藝鐵絲穿進花莖中，讓鐵絲超出花莖尾端約 2.5 公分長。將花莖插入泥土中央，並用縫針及尾線，把花莖的**第 24 圈**縫合固定在泥土上。

花瓣（製作 9 個）

第 1 圈：用**白色**線，以環形起針法起 5 短針[共 5 針]

第 2 圈：每個針目 2 短針 [共 10 針]

第 3-6 圈：每個針目 1 短針 [共 10 針]

第 7 圈：（1 短針減針）5 次 [共 5 針]

以 1 引拔針鉤進下一個針目，收針，並留一長尾線後剪線。不要塞填充物，將織片攤平，用縫針及尾線收口。

將所有花瓣縫合固定於花芯**第 6 圈**的前半針。稍微彎曲花莖，使其保持平衡，以防花瓣的重量翻倒花盆。

葉子（製作 2 個）

第 1 圈：用**草綠色**線，起 10 鎖針，自鉤針側算起第二針目鉤 1 引拔針、1 短針、1 中長針、4 次 1 長針、1 中長針、最後一針目鉤 3 短針。再從另一側的針目開始，依序鉤 1 中長針、4 次 1 長針、1 中長針、1 短針、1 引拔針，最後於一開始跳過的針目鉤 1 引拔針[共 20 針]

隱形收針並藏線頭。

將葉子固定於泥土上花莖的兩側。

葉子織圖

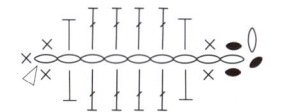

FORGET-ME-NOT
森林勿忘草

材料 & 工具
- 3.5mm 和 2.5mm 鉤針
- 棉質中量毛線：**深藍色、咖啡色**，各一球（50克）
- 棉質輕量毛線：**水仙黃色、淺藍色、草綠色**，各一球（50克）
- **黑色**及**粉紅色**散線
- 7mm 娃娃眼睛
- 纖維填充物
- 20 及 26 號花藝鐵絲
- 縫針
- 記號別針

完成尺寸
高 10 公分
寬 7.5 公分

織片密度
使用中量毛線：
2.5 公分＝5 短針×6 排
使用輕量毛線：
2.5 公分＝6 短針×7 排

初級

花盆

第 **1** 圈：用 **3.5mm** 鉤針及**中量深藍色**線，以環形起針法起 6 短針[共 6 針]

第 **2** 圈：每個針目 2 短針[共 12 針]

第 **3** 圈：（1 次 1 短針、1 次 2 短針）6 次[共 18 針]

第 **4** 圈：（2 次 1 短針、1 次 2 短針）6 次[共 24 針]

第 **5** 圈：（3 次 1 短針、1 次 2 短針）6 次[共 30 針]

第 **6** 圈：（4 次 1 短針、1 次 2 短針）6 次[共 36 針]

第 **7** 圈：只鉤後半針，每個針目 1 短針[共 36 針]

第 **8-11** 圈：每個針目 1 短針[共 36 針]

第 **12** 圈：（5 次 1 短針、1 次 2 短針）6 次[共 42 針]

第 **13-15** 圈：每個針目 1 短針[共 42 針]

將 7mm 娃娃眼睛嵌進第 **11** 和第 **12** 圈之間，中間相隔四個針目。塞入填充物，先不要收針跟剪線，接下來製作泥土，完成後再進行第 **16** 圈。

第 **16** 圈：把泥土放進花盆裡，並將泥土的第 **7** 圈和花盆的第 **15** 圈對齊，用鉤花盆的毛線把兩片的所有針目（包括前後針），整圈以短針拼接在一起（請參考 P122）[共 42 針]

第 **17** 圈：起 1 鎖針，每個針目 1 短針，以 1 引拔針連接第一個針目[共 42 針]

第 **18** 圈：每個針目 1 引拔針[共 42 針]

隱形收針（請參考 P120）並藏線頭。用**黑色**及**粉紅色**的毛線縫上嘴巴和臉頰（請參考 P124）。

接著開始塑型，製作出花盆底部凹槽（請參考 P122）。收尾剪線並藏線頭。

泥土

第1圈：用 **3.5mm** 鉤針及**中量咖啡色**線，以環形起針法起6短針[共6針]
第2圈：每個針目2短針[共12針]
第3圈：（1次1短針、1次2短針）6次[共18針]
第4圈：（2次1短針、1次2短針）6次[共24針]
第5圈：（3次1短針、1次2短針）6次[共30針]
第6圈：（4次1短針、1次2短針）6次[共36針]
第7圈：（5次1短針、1次2短針）6次[共42針]

隱形收針並藏線頭。

花朵（製作 12 個）

第1圈：用 **2.5mm** 鉤針及**輕量黃色**線，以環形起針法起5短針[共5針]
第2圈：換**輕量淺藍色**線，鉤（1引拔針＋起2鎖針＋2長針＋起2鎖針＋1引拔針）5次[共5片花瓣]

收針剪線後藏線頭。

用 20 號花藝鐵絲及綠色線，製作 12 個用毛線纏繞的鐵絲花莖（請參考 P124）。將花朵固定在鐵絲花莖頂端，插進花盆裡。（如圖1）

葉子（製作 12 個）

第1圈：用 **2.5mm** 鉤針及**輕量草綠色**線，起6鎖針。剪一段長 10 公分的 26 號花藝鐵絲，將鐵絲放在基礎鎖針鏈的後方，接下來邊鉤邊用毛線包覆鐵絲（請參考 P124）：自鉤針目算起第二針目鉤1短針、1中長針、1長針、1中長針，最後一個針目鉤3短針。再從另一側的針目開始，依序鉤1中長針、1長針、1中長針、1短針，以1引拔針鉤進一開始跳過的針目[共12針]

隱形收針並藏線頭（如圖2）。把完成的葉子插進花盆裡。

勿忘小叮嚀

球狀毛線會讓鉤織過程更輕鬆。因此，別忘了將現成的毛線另外捲成球，以避免毛線打結造成的麻煩，或是鉤織時帶來不平均的鬆緊度。

1

2

85

浪漫紫

早在 15 世紀，
人們就從海蝸牛中提取紫色染料。
紫色也是最早的合成染料之一，
是由煤焦油中的化學物質製成。

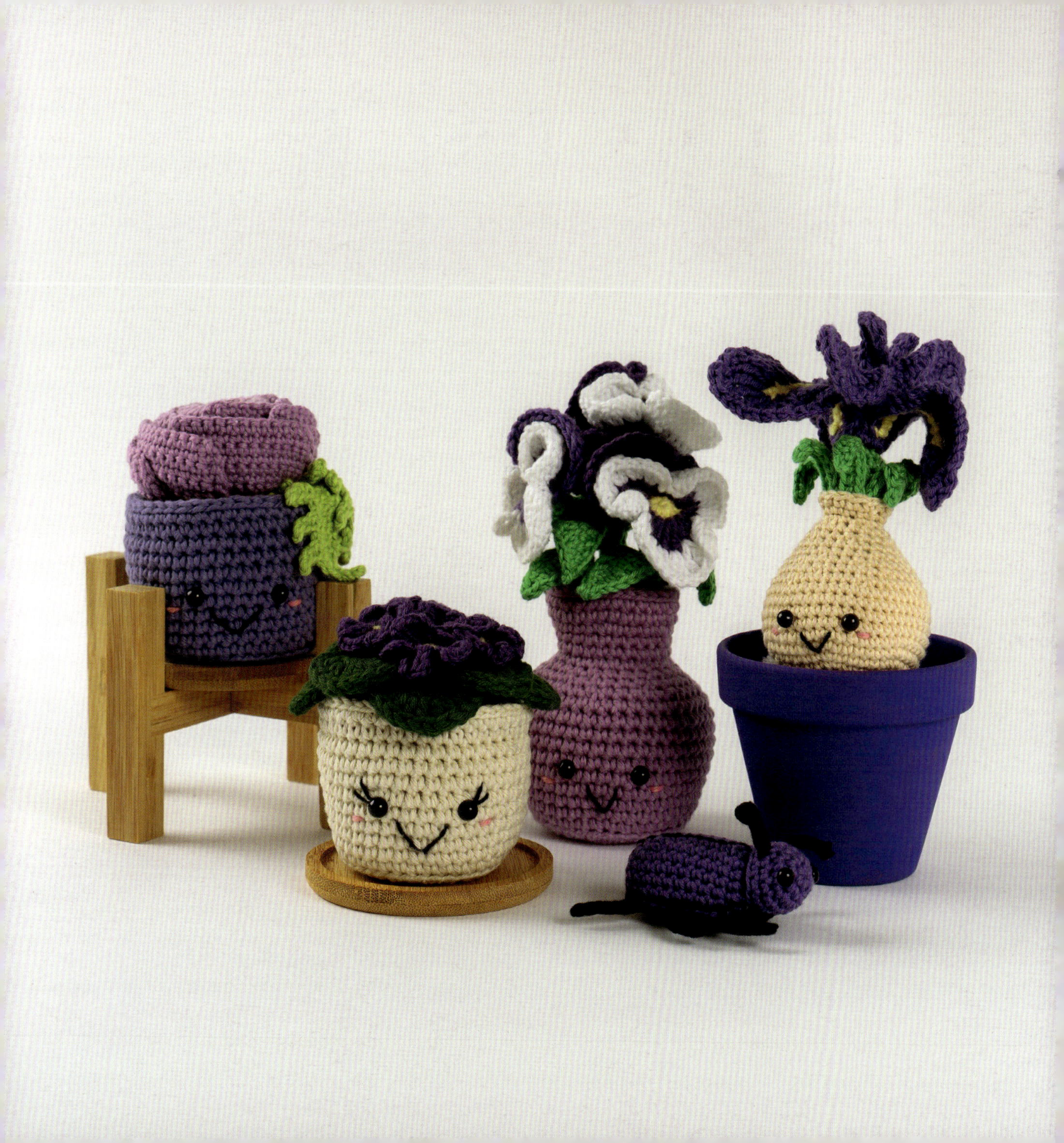

IRIS BULB
鳶尾花球莖

材料 & 工具
- 2.5mm 鉤針
- 棉質輕量毛線：米白色、棕黃色、草綠色、紫色、水仙黃色，各一球（50克）
- 黑色及粉紅色散線
- 6mm 娃娃眼睛
- 纖維填充物
- 縫針
- 記號別針

完成尺寸
高 15 公分
寬 6.5 公分

織片密度
2.5 公分 = 6 短針 × 7 排

初級

球莖和葉子

第 1 圈：用米白色線，以環形起針法起 6 短針 [共 6 針]

第 2 圈：每個針目 2 短針 [共 12 針]

第 3 圈：換棕黃色線，（1 次 1 短針、1 次 2 短針）6 次 [共 18 針]

第 4 圈：（2 次 1 短針、1 次 2 短針）6 次 [共 24 針]

第 5 圈：（3 次 1 短針、1 次 2 短針）6 次 [共 30 針]

第 6 圈：（4 次 1 短針、1 次 2 短針）6 次 [共 36 針]

第 7 圈：（5 次 1 短針、1 次 2 短針）6 次 [共 42 針]

第 8 圈：（6 次 1 短針、1 次 2 短針）6 次 [共 48 針]

第 9-13 圈：每個針目 2 短針 [共 48 針]

第 14 圈：（3 次 1 短針、1 短針減針、3 次 1 短針）6 次 [共 42 針]

第 15 圈：（1 短針減針、5 次 1 短針）6 次 [共 36 針]

第 16 圈：（2 次 1 短針、1 短針減針、2 次 1 短針）6 次 [共 30 針]

將 6mm 娃娃眼睛嵌進第 10 和第 11 圈之間，中間相隔五個針目，接著開始塞入填充物。

第 17 圈：（1 短針減針、3 次 1 短針）6 次 [共 24 針]

第 18 圈：每個針目 1 短針 [共 24 針]

第 19 圈：（1 短針、1 短針減針、1 短針）6 次 [共 18 針]

第 20 圈：每個針目 1 短針 [共 18 針]

第 21 圈：（1 短針減針、1 短針）6 次 [共 12 針]

第 22 圈：換草綠色線，只鉤後半針，每個針目 1 短針 [共 12 針]

第 23 圈：只鉤後半針，（1 短針減針、2 次 1 短針）3 次 [共 9 針]

第 24-27 圈：每個針目 1 短針 [共 9 針]

第 28 圈：只鉤後半針，每個針目 1 短針 [共 9 針]

第 29 圈：只鉤後半針，（1 短針減針、1 短針）3 次 [共 6 針]

1

2

最佳夥伴

紫色的鳶尾花象徵著友誼，適合鉤一個來送給好友喔！還可以附上一張小卡，寫著：「你是世界上最棒的朋友，我『鳶』為你作證！」

塞滿填充物後，收針並留一長尾線後剪線。用縫針將尾線穿過整圈前半針收口，藏線頭。用黑色及粉紅色的毛線縫上嘴巴和臉頰（請參考P124）。

先製作三種不同大小的花瓣，將完成的花瓣縫合在球莖上後，再進行**第30圈**。

第30圈：於**第23圈**的任一前半針接草綠色線，（起8鎖針，自鉤針側算起第二針目鉤1引拔針、1短針、5次1中長針，於**第23圈**的下兩針目各鉤1引拔針，起10鎖針，自鉤針側算起第二針目鉤1引拔針、1短針、7次1中長針，於**第23圈**下一針目鉤1引拔針）3次[共6片葉子]

收針剪線並藏線頭。

第31圈：於**第22圈**的任一前半針接棕黃色線，（3次1短針，1次2短針）3次[共15針]

第32圈：每個針目1短針[共15針]

將米白色短線圍繞綁在**第1**及**第2圈**上，用剪刀把線修成一樣的長度後，輕輕搓散讓毛線變得蓬鬆。

小型花瓣（製作3個）

第1圈：用紫色線，起9鎖針，自鉤針側算起第二針目鉤1短針、6次1短針，最後一個針目鉤2長針＋1短針＋2長針。再從另一側針目開始，鉤7次1短針[共19針]

收針並留一長尾線後剪線（如圖1）。將小花瓣用尾線縫合在球莖**第29圈**收口的前半針裡。（如圖2）

中型花瓣（製作3個）

第1圈：用紫色線，起9鎖針，自鉤針側算起第二針目鉤1短針、2次1短針、2次2中長針、2次2長針、1次3長長針。再從另一側針目開始，鉤2次2長針、2次2中長針、3次1短針[共25針]

第2圈：3次1引拔針，（1短針＋1鎖針）9次，下一針目1中長針＋1長針＋1中長針，（1鎖針＋1短針）9次，3次1引拔針[共45針]

收針並留一長尾線後剪線（如圖1）。將中花瓣縫合在球莖**第29圈**的前半針裡。

大型花瓣（製作3個）

第1圈：用水仙黃色線，起10鎖針，自鉤針側算起第二針目鉤1短針，7次1短針，最後一個針目鉤2短針。換紫色線，再從另一側針目開始，鉤1短針、1中長針、2長針、2次2長針、2次2長針、1次3長針。再從另一側針目開始，鉤1次3長長針、2次2長長針、2次2長針、1長針、1中長針、3次1短針[共40針]

第2圈：4次1引拔針，（1短針＋1鎖針）10次，下一針目鉤1中長針＋1長針＋1中長針，（1鎖針＋1短針）10次，5次1引拔針[共52針]

收針並留一長尾線後剪線（如圖1）。將大花瓣縫合在球莖**第28圈**的前半針裡。

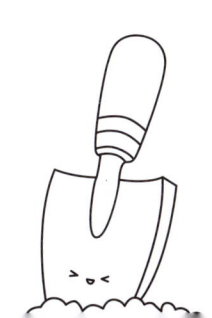

89

PANSY 三色堇

材料 & 工具
- 3.5mm 和 2.5mm 鉤針
- 棉質中量毛線：**粉紫色**、**藍色**，各一球（50克）
- 棉質輕量毛線：**水仙黃色**、**深紫色**、**白色**、**草綠色**，各一球（50克）
- **黑色**及**粉紅色**散線
- 7mm 娃娃眼睛
- 纖維填充物
- 16 號花藝鐵絲
- 縫針
- 記號別針

完成尺寸
高 16.5 公分
寬 9 公分

織片密度
使用中量毛線：
2.5 公分＝5 短針×6 排
使用輕量毛線：
2.5 公分＝6 短針×7 排

初級

花瓶

第 1 圈：用 **3.5mm** 鉤針及**中量粉紫色**線，以環形起針法起 6 短針 [共 6 針]
第 2 圈：每個針目 2 短針 [共 12 針]
第 3 圈：（1 次 1 短針、1 次 2 短針）6 次 [共 18 針]
第 4 圈：（2 次 1 短針、1 次 2 短針）6 次 [共 24 針]
第 5 圈：（3 次 1 短針、1 次 2 短針）6 次 [共 30 針]
第 6 圈：（4 次 1 短針、1 次 2 短針）6 次 [共 36 針]
第 7 圈：只鉤後半針，每個針目 1 短針 [共 36 針]
第 8 圈：每個針目 1 短針 [共 36 針]
第 9 圈：（5 次 1 短針、1 次 2 短針）6 次 [共 42 針]
第 10-16 圈：每個針目 1 短針 [共 42 針]
第 17 圈：（1 短針減針、5 次 1 短針）6 次 [共 36 針]
第 18 圈：（2 次 1 短針、1 短針減針、2 次 1 短針）6 次 [共 30 針]
第 19 圈：（1 短針減針、3 次 1 短針）6 次 [共 24 針]

將 7mm 娃娃眼睛嵌進**第 11** 和**第 12** 圈之間，中間相隔四個針目。

塞入填充物，先不要收針跟剪線。接下來製作水面，完成後再進行**第 20** 圈。

第 20 圈：把水面放進花瓶裡，並將水面的**第 4** 圈和花瓶的**第 19** 圈對齊，用鉤花瓶的毛線把兩片的所有針目（包括前後針），整圈以短針拼接在一起（請參考 P122）[共 24 針]
第 21-22 圈：每個針目 1 短針 [共 24 針]
第 23 圈：（3 次 1 短針、1 次 2 短針）6 次 [共 30 針]
第 24-25 圈：每個針目 1 短針 [共 30 針]
第 26 圈：每個針目 1 引拔針 [共 30 針]

隱形收針（請參考 P120）並藏線頭。用**黑色**及**粉紅色**的毛線縫上嘴巴和臉頰（請參考 P124）。

接著開始塑型，製作出花瓶底部凹槽（請參考 P122）。收尾剪線並藏線頭。

水面

第1圈：用 **3.5mm** 鉤針及**中量藍色**線，以環形起針法起6短針[共6針]
第2圈：每個針目2短針[共12針]
第3圈：（1次1短針、1次2短針）6次[共18針]
第4圈：（2次1短針、1次2短針）6次[共24針]

隱形收針並藏線頭。

三色堇（製作3個）

第1圈：用 **2.5mm** 鉤針及**輕量黃色**線，以環形起針法起12短針[共12針]

現在開始製作三色堇外圈兩片大的紫色花瓣，首先前兩排進行往返鉤織。

第2排：換**輕量深紫色**線，只鉤後半針，1短針、（起4鎖針、跳過下一針目、1短針）2次。剩下的針目不鉤，翻面[共11針]
第3排：起1鎖針，1短針，（於上排起4鎖針而形成的空隙裡鉤8長針，下一針目鉤1短針）2次，翻面[共19針]

回到以圈數計算的環狀鉤織。

第4圈：起1鎖針、1短針、1短針+1中長針、1中長針+1長針、1長針+1長長針、5次2長長針、起3鎖針、1短針、起3鎖針、5次2長長針、1長針+1長長針、1長針+1中長針、1中長針+1短針、1短針[共41針]

第5圈從**第1**的下一個之前未鉤的前半針針目開始鉤。

第5圈：只鉤前半針、1次2長針、1短針、1次2長針、1次2長針、1次2長針、1次2長長針、1次2長針、

1短針、1次2長針、1次2長長針、以1引拔針鉤進第一個長針[共22針]

收針剪線並藏線頭。

第6圈：於下一個短針針目接**輕量白色**線、起3鎖針、6次2長長針、起3鎖針、以1引拔針鉤進下一針目，（起3鎖針、2次2長針、2次2長長針、2次2長針、起3鎖針、以1引拔針鉤進下一針目）2次[共57針]

收針剪線並藏線頭。

第7圈：於**第1**圈任一後半針接**輕量草綠色**線，只鉤後半針（包括3個已經鉤過的後半針目），整圈鉤1短針[共12針]
第8圈：每個針目1短針[共12針]
第9圈：（1短針減針、2次1短針）3次[共9針]
第10圈：每個針目1短針[共9針]

開始塞進填充物。

第11圈：（1短針減針、1短針）3次[共6針]
第12-20圈：每個針目1短針[共6針]

以1引拔針鉤進下一針目，塞滿填充物，將花藝鐵絲穿入花莖裡，讓鐵絲尾端超過花莖約2.5公分長。收針剪線後藏線頭。

葉子（製作9個）

第1圈：用 **2.5mm** 鉤針及**輕量草綠色**線起10鎖針，自鉤針側算起第二針目鉤1引拔針、1短針、1中長針、4次1長針、1中長針、最後一個針目鉤3短針。再從另一側的針目開始依序鉤1中長針、4次1長針、1中長針、1短針、1引拔針、以1引拔針鉤進一開始跳過的針目[共20針]

1

2

隱形收針並藏線頭。

稍微彎曲花莖，讓三色堇花朵頂端向前傾。並在每個花莖上固定3片葉子（如圖1）。將三色堇插入花瓶中。（如圖2）

葉子織圖

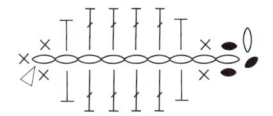

AFRiCAN ViOLET
非洲紫羅蘭

材料 & 工具
- 3.5mm 和 2.5mm 鉤針
- 棉質中量毛線：**奶油色、咖啡色、深綠色**，各一球（50克）
- 棉質輕量毛線：**水仙黃色、紫色**，各一球（50克）
- **黑色及粉紅色**散線
- 7mm 娃娃眼睛
- 纖維填充物
- 縫針
- 記號別針

完成尺寸
高 10 公分
寬 7.5 公分

織片密度
使用中量毛線：
2.5 公分＝5 短針×6 排
使用輕量毛線：
2.5 公分＝6 短針×7 排

初級

泥土

第1圈：用 **3.5mm** 鉤針及**中量咖啡色**線，以環形起針法起 6 短針 [共 6 針]

第2圈：每個針目 2 短針 [共 12 針]

第3圈：（1 次 1 短針、1 次 2 短針）6 次 [共 18 針]

第4圈：（2 次 1 短針、1 次 2 短針）6 次 [共 24 針]

第5圈：（3 次 1 短針、1 次 2 短針）6 次 [共 30 針]

第6圈：（4 次 1 短針、1 次 2 短針）6 次 [共 36 針]

第7圈：（5 次 1 短針、1 次 2 短針）6 次 [共 42 針]

隱形收針（請參考 P120）並藏線頭。

花盆

第1圈：用 **3.5mm** 鉤針及**中量奶油色**線，以環形起針法起 6 短針 [共 6 針]

第2圈：每個針目 2 短針 [共 12 針]

第3圈：（1 次 1 短針、1 次 2 短針）6 次 [共 18 針]

第4圈：（2 次 1 短針、1 次 2 短針）6 次 [共 24 針]

第5圈：（3 次 1 短針、1 次 2 短針）6 次 [共 30 針]

第6圈：（4 次 1 短針、1 次 2 短針）6 次 [共 36 針]

第7圈：只鉤後半針，每個針目 1 短針 [共 36 針]

第8-11圈：每個針目 1 短針 [共 36 針]

第12圈：（5 次 1 短針、1 次 2 短針）6 次 [共 42 針]

第13-15圈：每個針目 1 短針 [共 42 針]

將 7mm 娃娃眼睛嵌進**第 11** 和**第 12** 圈之間，中間相隔四個針目，塞入填充物。

第 16 圈：把泥土放進花盆裡，並將泥土的**第 7 圈**和花盆的**第 15 圈**對齊，用鉤花盆的毛線把兩片的所有針目（包括前後針），整圈以短針拼接在一起（請參考P122）[共42針]

第 17 圈：起 1 鎖針，每個針目 1 短針，以 1 引拔針連接第一個針目 [共42針]

第 18 圈：每個針目1引拔針[共42針]

隱形收針並藏線頭。用**黑色**及**粉紅色**的毛線縫上睫毛、嘴巴和臉頰（請參考P124）。接著開始塑型，製作出花盆底部凹槽（請參考P122）。收尾剪線並藏線頭。（如圖1）

葉子（製作 8 個）

第 1 圈：用 **3.5mm** 鉤針及**中量深綠色**線，以環形起針法起6短針[共6針]

第 2 圈：每個針目2短針[共12針]

第 3 圈：2次1短針、2次2短針、2次2中長針、起1鎖針、2次2中長針、2次2短針、2次1短針 [共21針]

第 4 圈：每個針目1引拔針[共21針]

隱形收針並藏線頭。將葉子以錯落交疊的方式固定在泥土上。（如圖2）

花朵（製作 6 個）

第 1 圈：用 **2.5mm** 鉤針及**輕量黃色**線，以環形起針法起5短針 [共5針]

第 2 圈：換**輕量紫色**線，鉤（1引拔針＋起3鎖針＋3長針＋起3鎖針＋1引拔針）5次 [共5片花瓣]

收針剪線並藏線頭。將紫羅蘭花朵固定於葉子上。

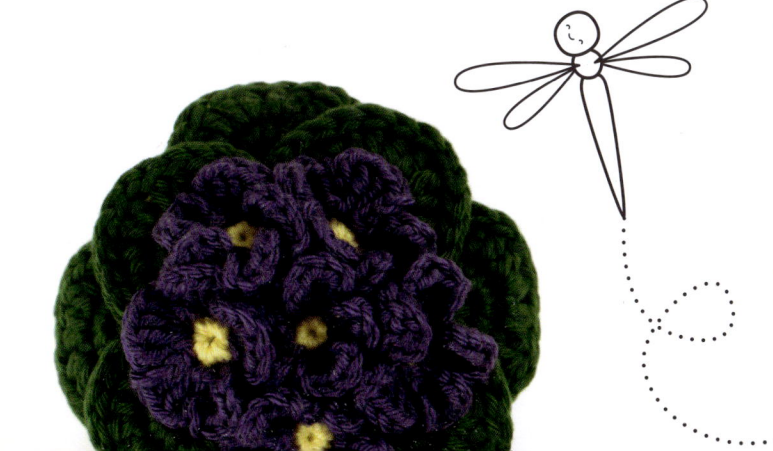

RANUNCULUS
洋牡丹（陸蓮花）

材料 & 工具
- 3.5mm 和 2.5mm 鉤針
- 棉質中量毛線：**霧灰紫色**、**咖啡色**，各一球（50克）
- 棉質輕量毛線：**萊姆綠色**、**淡紫色**，各一球（50克）
- **黑色及粉紅色**散線
- 7mm 娃娃眼睛
- 纖維填充物
- 縫針
- 記號別針

完成尺寸
高 10 公分
寬 7.5 公分

織片密度
使用中量毛線：
2.5 公分 = 5 短針 × 6 排
使用輕量毛線：
2.5 公分 = 6 短針 × 7 排

初級

花盆

第 1 圈：用 **3.5mm** 鉤針及**中量霧灰紫色**線，以環形起針法起6短針 [共6針]

第 2 圈：每個針目2短針 [共12針]

第 3 圈：（1次1短針、1次2短針）6次 [共18針]

第 4 圈：（2次1短針、1次2短針）6次 [共24針]

第 5 圈：（3次1短針、1次2短針）6次 [共30針]

第 6 圈：（4次1短針、1次2短針）6次 [共36針]

第 7 圈：只鉤後半針，每個針目1短針 [共36針]

第 8-11 圈：每個針目1短針 [共36針]

第 12 圈：（5次1短針、1次2短針）6次 [共42針]

第 13-15 圈：每個針目1短針 [共42針]

將 7mm 娃娃眼睛嵌進**第 11** 和**第 12 圈**之間，中間相隔四個針目。塞入填充物，先不要收針跟剪線，接下來製作泥土，完成後再進行**第 16 圈**。

第 16 圈：把泥土放進花盆裡，並將泥土的**第 7 圈**和花盆的**第 15 圈**對齊，用鉤花盆的毛線把兩片的所有針目（包括前後針），整圈以短針拼接在一起（請參考 P122）[共42針]

第 17 圈：起1鎖針，每個針目1短針，以1引拔針連接第一個針目 [共42針]

第 18 圈：每個針目1引拔針 [共42針]

隱形收針（請參考 P120）並藏線頭。用**黑色及粉紅色**的毛線縫上嘴巴和臉頰（請參考 P124）。接著開始塑型，製作出花盆底部凹槽（請參考 P122）。收尾剪線並藏線頭。

94

泥土

第**1**圈：用 **3.5mm** 鉤針及**中量咖啡色**線，以環形起針法起 6 短針[共 6 針]

第**2**圈：每個針目 2 短針[共 12 針]

第**3**圈：（1 次 1 短針、1 次 2 短針）6 次 [共 18 針]

第**4**圈：（2 次 1 短針、1 次 2 短針）6 次 [共 24 針]

第**5**圈：（3 次 1 短針、1 次 2 短針）6 次 [共 30 針]

第**6**圈：（4 次 1 短針、1 次 2 短針）6 次 [共 36 針]

第**7**圈：（5 次 1 短針、1 次 2 短針）6 次 [共 42 針]

隱形收針並藏線頭。

花朵第一層

第**1**圈：用 **2.5mm** 鉤針及**輕量萊姆綠色**線，以環形起針法起 10 短針[共 10 針]

第**2**排：跳過下一針目、1 次 4 短針，翻面 [共 4 針]

第**3**排：起 1 鎖針（這一針不算進總針數）、1 短針、2 次 2 短針、1 短針，翻面 [共 6 針]

第**4-5**排：起 1 鎖針、整排每個針目鉤 1 短針，翻面 [共 6 針]

第**6**排：起 1 鎖針、1 短針減針、2 次 1 短針、1 短針減針，**不要翻面** [共 4 針]

第**7**排：用引拔針從花瓣的側邊向下鉤所有排數 [共 6 針]

重複**第 2-7 排**四次，共鉤織 5 片花瓣。收針剪線並藏線頭。

花朵第二層

第**1**圈：用 **2.5mm** 鉤針及**輕量淡紫色**線，以環形起針法起 10 短針[共 10 針]

第**2**排：跳過下一針目、1 次 4 短針，翻面 [共 4 針]

第**3**排：起 1 鎖針、1 短針、2 次 2 短針、1 短針，翻面 [共 6 針]

第**4**排：起 1 鎖針、1 短針、4 次 2 短針、1 短針，翻面 [共 10 針]

第**5-7**排：起 1 鎖針、整排每個針目鉤 1 短針，翻面 [共 10 針]

第**8**排：起 1 鎖針、1 短針減針、6 次 1 短針、1 短針減針，**不要翻面** [共 8 針]

第**9**排：用引拔針從花瓣的側邊向下鉤所有排數 [共 8 針]

重複**第 2-9 排** 四次，共鉤織 5 片花瓣。收針剪線並藏線頭。

花朵第三層

第**1**圈：用 **2.5mm** 鉤針及**輕量淡紫色**線，以環形起針法起 10 短針[共 10 針]

第**2**排：跳過下一針目、1 次 4 短針，翻面 [共 4 針]

第**3**排：起 1 鎖針、1 短針、2 次 2 短針、1 短針，翻面 [共 6 針]

第**4**排：起 1 鎖針、1 短針、4 次 2 短針、1 短針，翻面 [共 10 針]

第**5**排：起 1 鎖針、4 次 1 短針、2 次 2 短針、4 次 1 短針，翻面 [共 12 針]

第**6-9**排：起 1 鎖針、整排每個針目鉤 1 短針，翻面 [共 12 針]

第**10**排：起 1 鎖針、1 短針減針、8 次 1 短針、1 短針減針，**不要翻面** [共 10 針]

第**11**排：用引拔針從花瓣的側邊向下鉤所有排數 [共 10 針]

重複**第 2-11 排**四次，共鉤織 5 片花瓣。收針剪線並藏線頭。

花朵第四層

第1圈：用 **2.5mm** 鉤針及**輕量淡紫色**線，以環形起針法起 10 短針[共 10 針]

第2排：跳過下一針目、1 次 4 短針，翻面[共 4 針]

第3排：起 1 鎖針、1 短針、2 次 2 短針、1 短針，翻面[共 6 針]

第4排：起 1 鎖針、1 短針、4 次 2 短針、1 短針，翻面[共 10 針]

第5排：起 1 鎖針、3 次 1 短針、4 次 2 短針、3 次 1 短針，翻面[共 14 針]

第6-11排：起 1 鎖針、整排每個針目鉤 1 短針，翻面[共 14 針]

第12排：起 1 鎖針、1 短針減針、10 次 1 短針、1 短針減針，**不要翻面** [共 12 針]

第13排：用引拔針從花瓣的側邊向下鉤所有排數[共 12 針]

重複**第 2-13 排**四次，共鉤織 5 片花瓣。收針剪線並藏線頭。

從第一層開始，將花瓣重疊捲成一個閉口的花苞狀，於每片花瓣之間點上少許熱熔膠，使花瓣全部固定成型。再用熱熔膠點在第一層的底部，放置固定於第二層的中心。將第二層的花瓣一樣重疊捲成，並用熱熔膠將重疊的部分黏住固定。（如圖 1）

重複上述的步驟固定第三及第四層花朵，最後形成一朵花。（如圖 2）

把花朵固定於泥土上。

葉子（製作 2 個）

第1圈：用 **2.5mm** 鉤針及**輕量萊姆綠色**線，起 10 鎖針，自鉤針側算起第二針目鉤 1 短針、8 次 1 短針、起 2 鎖針，再從另一側的針目開始依序鉤 1 短針、（起 4 鎖針，自鉤針側算起第二針目鉤 1 短針、下兩個鎖針針目各鉤 1 短針、2 次 1 短針）4 次[共 32 針]

第2圈：（起 4 鎖針，自鉤針側算起第二針目鉤 1 短針、下兩個鎖針針目各鉤 1 短針、2 次 1 短針）5 次 [共 25 針]

隱形收針並藏線頭（如圖 2）。

將葉子固定於泥土上。

葉子織圖

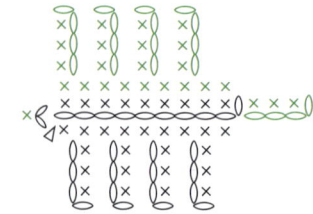

簡直讓人眼花撩亂！

洋牡丹是毛茛屬植物，品種多達 600 多個。從柔和的白色、粉紅色和黃色，到鮮豔的橙色、桃色和紅色，顏色多到驚人。

1

2

BEETLE 甲蟲

材料 & 工具
- 2.5mm 鉤針
- 棉質輕量毛線：**紫色**、**黑色**，各一球（50克）
- 6mm 娃娃眼睛
- 纖維填充物
- 縫針
- 記號別針

織片密度
2.5公分＝6短針×7排

完成尺寸
高 2.5 公分
寬 7.5 公分

初級

身體上半部

第1圈：用**紫色**線，起9鎖針，自鉤針側算起第二針目鉤3短針、6次1短針，最後一個針目鉤3短針。再從另一側針目開始依序鉤6次1短針，跳過最後一針[共18針]

第2圈：（3次2短針、6次1短針）2次[共24針]

第3圈：（1次1短針、1次2短針）3次，6次1短針，（1次1短針、1次2短針）3次，6次1短針[共30針]

第4-6圈：每個針目1短針[共30針]

收針剪線並藏線頭。用縫針和**黑色**線，沿著中心縱向縫一條直線。

身體下半部

第1圈：用**黑色**線，起9鎖針，自鉤針側算起第二針目鉤3短針、6次1短針，最後一個針目鉤3短針。再從另一側針目開始依序鉤6次1短針，跳過最後一針[共18針]

第2圈：（3次2短針、6次1短針）2次[共24針]

第3圈：（1次1短針、1次2短針）3次，6次1短針，（1次1短針、1次2短針）3次，6次1短針[共30針]

鉤5次1短針作為下一圈起頭。開始塞進填充物。

第4圈：將上半部放在下半部的下方，並將上半部**第6圈**和下半部**第3圈**對齊，繼續用下半部的線，把兩片拼接在一起，做成身體並鉤出六隻腳。只鉤兩織片的後半針，邊鉤邊塞入填充物，依序鉤：

*3次1引拔針、（1引拔針＋起8鎖針＋自鉤針側算起第二針目鉤1引拔針＋下六個鎖針針目各鉤1引拔針＋1引拔針），重複*2次，3次1引拔針；

3次1引拔針、（1引拔針＋起8鎖針＋自鉤針側算起第二針目鉤1引拔針＋下六個鎖針針目各鉤1引拔針＋1引拔針），重複2次，3次1引拔針[共78針]

收針剪線並藏線頭。

觸角（製作 2 個）

第1圈：用**黑色**線，起6鎖針，自鉤針側算起第二針目的裡山開始，鉤1短針、下四個針目各鉤1引拔針[共5針]

收針剪線，不藏線頭。

頭部

第1圈：用**紫色**線，以環形起針法起5短針[共5針]

第2圈：每個針目2短針[共10針]

第3圈：（1次1短針、1次2短針）5次[共15針]

第4-5圈：每個針目1短針[共15針]

將 6mm 娃娃眼睛嵌進**第2**和**第3**圈之間，中間相隔四個針目。將觸角直接固定在眼睛上方**第4**及**第5**圈之間。開始塞進填充物。

第6圈：只鉤後半針，（1短針、1短針減針）5次[共10針]

第7圈：（1短針減針）5次[共5針]

塞滿填充物後，收針並留一長尾線後剪線。用縫針將尾線穿過整圈前半針收口，藏線頭。將頭部固定在身體前方。

純淨白

白色實際上並不算是一種顏色，
而是所有顏色（可見光）的波長結合而成。
如果世界上沒有白光，
我們就無法看到自然界中所有美麗的色彩，
可以說是白色照亮了一切顏色。

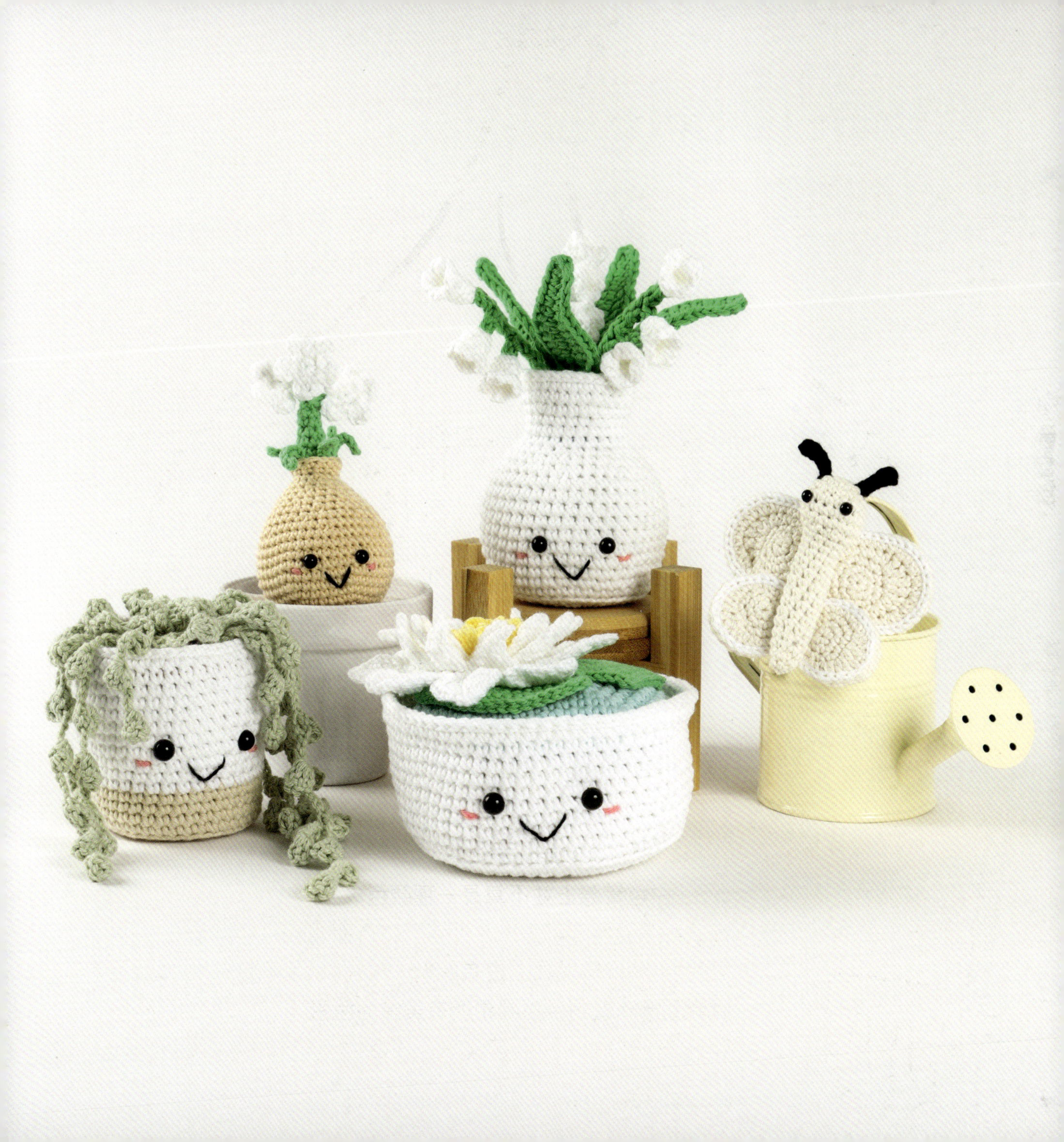

PAPERWHITE BULB
白水仙球莖

材料 & 工具
- 2.5mm 鉤針
- 棉質輕量毛線：米白色、棕黃色、草綠色、白色，各一球（50克）
- **黑色及粉紅色散線**
- 6mm 娃娃眼睛
- 纖維填充物
- 縫針
- 記號別針

完成尺寸
高 15 公分
寬 6.5 公分

織片密度
2.5公分＝6短針×7排

初級

球莖和葉子

第1圈：用米白色線，以環形起針法起6短針[共6針]
第2圈：每個針目2短針[共12針]
第3圈：換棕黃色線，（1次1短針、1次2短針）6次[共18針]
第4圈：（2次1短針、1次2短針）6次[共24針]
第5圈：（3次1短針、1次2短針）6次[共30針]
第6圈：（4次1短針、1次2短針）6次[共36針]
第7圈：（5次1短針、1次2短針）6次[共42針]
第8圈：（6次1短針、1次2短針）6次[共48針]
第9-13圈：每個針目2短針[共48針]
第14圈：（3次1短針、1短針減針、3次1短針）6次[共42針]
第15圈：（1短針減針、5次1短針）6次[共36針]
第16圈：（2次1短針、1短針減針、2次1短針）6次[共30針]

將 6mm 娃娃眼睛嵌進**第 10** 和**第 11** 圈之間，中間相隔五個針目，接著開始塞入填充物。

第 17 圈：（1 短針減針、3 次 1 短針）6 次 [共 24 針]
第 18 圈：每個針目 1 短針 [共 24 針]
第 19 圈：（1 短針、1 短針減針、1 短針）6 次 [共 18 針]
第 20 圈：每個針目 1 短針 [共 18 針]
第 21 圈：（1 短針減針、1 短針）6 次 [共 12 針]
第 22 圈：換**草綠色**線，只鉤後半針，每個針目 1 短針 [共 12 針]
第 23 圈：只鉤後半針，（1 短針減針、2 次 1 短針）3 次 [共 9 針]
第 24-25 圈：每個針目 1 短針 [共 9 針]
第 26 圈：（1 短針減針、1 短針）3 次 [共 6 針]
第 27-28 圈：每個針目 1 短針 [共 6 針]

塞滿填充物後，收針並留一長尾線後剪線。用縫針將尾線穿過整圈前半針收口，藏線頭。用**黑色**及**粉紅色**的毛線縫上嘴巴和臉頰（請參考 P124）。

第 29 圈：於**第 28** 圈的任一前半針接**草綠色**線，（鉤 1 引拔針，起 6 鎖針，自鉤針側算起第二針目鉤 1 引拔針、4 次 1 引拔針，於**第 28** 圈的下一針目鉤 1 引拔針）3 次 [共 21 針]

第 30 圈：於**第 23** 圈的任一前半針接**草綠色**線，（鉤 1 引拔針，起 8 鎖針，自鉤針側算起第二針目鉤 1 引拔針、6 次 1 引拔針，於**第 23** 圈的下一針目鉤 1 引拔針，起 6 鎖針，自鉤針側算起第二針目鉤 1 引拔針、4 次 1 引拔針，於**第 23** 圈的下一針目鉤 1 引拔針）3 次 [共 45 針]

第 31 圈：於**第 22** 圈的任一前半針接**棕黃色**線，每個針目 1 短針 [共 12 針]
第 32 圈：每個針目 1 短針 [共 12 針]

收針剪線並藏線頭。將**米白色**短線圍繞綁在**第 1** 及**第 2** 圈上，用剪刀把線修成一樣的長度，輕輕搓散讓毛線變得蓬鬆。

花朵（製作 3 個）

第 1 圈：用**白色**線，以環形起針法起 5 短針 [共 5 針]
第 2 圈：（1 引拔針＋起 2 鎖針＋1 長針＋起 2 鎖針＋1 引拔針）[共 5 片花瓣]

收針剪線並藏線頭。

將花朵固定在球莖頂端。

腦「莖」急轉彎

快問：園丁為什麼要種植球莖呢？
快答：因為這樣蚯蚓才看得清楚方向！
（球莖的英文為 bulbs，也有燈泡的意思。）

LILY OF THE VALLEY
鈴蘭

材料 & 工具
- 3.5mm 和 2.5mm 鉤針
- 棉質中量毛線：**白色、藍色、草綠色**，各一球（50克）
- 棉質輕量毛線：**白色**一球（50克）
- **黑色**及**粉紅色**散線
- 7mm 娃娃眼睛
- 纖維填充物
- 26 號花藝鐵絲
- 縫針
- 記號別針

完成尺寸
高 16.5 公分
寬 7.5 公分

織片密度
使用中量毛線：
2.5公分＝5短針×6排
使用輕量毛線：
2.5公分＝6短針×7排

進階

花瓶

- **第1圈**：用 **3.5mm** 鉤針及**中量白色線**，以環形起針法起 6 短針[共6針]
- **第2圈**：每個針目2短針[共12針]
- **第3圈**：（1次1短針、1次2短針）6次[共18針]
- **第4圈**：（2次1短針、1次2短針）6次[共24針]
- **第5圈**：（3次1短針、1次2短針）6次[共30針]
- **第6圈**：（4次1短針、1次2短針）6次[共36針]
- **第7圈**：只鉤後半針，每個針目1短針[共36針]
- **第8圈**：每個針目1短針[共36針]
- **第9圈**：（5次1短針、1次2短針）6次[共42針]
- **第10-16圈**：每個針目1短針[共42針]
- **第17圈**：（1短針減針、5次1短針）6次[共36針]
- **第18圈**：（2次1短針、1短針減針、2次1短針）6次[共30針]
- **第19圈**：（1短針減針、3次1短針）6次[共24針]

將 7mm 娃娃眼睛嵌進**第 11** 和**第 12** 圈之間，中間相隔四個針目。塞入填充物，先不要收針跟剪線，接下來製作水面，完成後再進行**第 20** 圈。

102

第20圈：把水面放進花瓶裡，並將水面的第4圈和花瓶的第19圈對齊，用鉤花瓶的毛線把兩片的所有針目（包括前後針），整圈以短針拼接在一起（請參考P122）[共24針]

第21-22圈：每個針目1短針 [共24針]

第23圈：（3次1短針、1次2短針）6次 [共30針]

第24-25圈：每個針目1短針 [共30針]

第26圈：每個針目1引拔針 [共30針]

隱形收針（請參考P120）並藏線頭。用**黑色**及**粉紅色**的毛線縫上嘴巴和臉頰（請參考P124）。

接著開始塑型，製作出花瓶底部凹槽（請參考P122）。收尾剪線並藏線頭。

水面

第1圈：用 **3.5 mm** 鉤針及**中量藍色線**，以環形起針法起6短針 [共6針]

第2圈：每個針目2短針 [共12針]

第3圈：（1次1短針、1次2短針）6次 [共18針]

第4圈：（2次1短針、1次2短針）6次 [共24針]

隱形收針並藏線頭。

葉子（製作 4 個）

第1圈：用 **3.5mm** 鉤針及**中量草綠色線**起 15 鎖針；剪一段長 10 公分的花藝鐵絲，將鐵絲放在基礎鎖針鏈的後方，接下來邊鉤邊用毛線包覆鐵絲（請參考 P124）：自鉤針側算起第二針目鉤 1 短針、3 次 1 短針、1 中長針、6 次 1 長針、1 中長針、2 次 1 短針、起 6 鎖針、自鉤針側算起第二針目鉤 1 引拔針、4 次 1 引拔針。再從另一側的針目開始依序鉤 2 次 1 短針、1 中長針、6 次 1 長針、1 中長針、4 次 1 短針、以 1 引拔針鉤進一開始跳過的針目 [共34針]

收針剪線並藏線頭。把葉子頂端的鐵絲凹折藏於針目後，葉梗下方的鐵絲預留 2.5 公分長（如圖1）。

葉子織圖

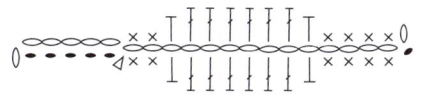

花朵（製作 9 個）

第1圈：用 **2.5mm** 鉤針及**輕量白色線**，以環形起針法起4短針 [共4針]

第2圈：每個針目2短針 [共8針]

第3-4圈：每個針目1短針 [共8針]

第5圈：（1次2長針、1次1引拔針）4次 [共12針]

收針剪線並藏線頭。

花莖（製作 3 個）

第1圈：用 **3.5 mm** 鉤針及**中量草綠色線**起 21 鎖針；剪一段長 10 公分的花藝鐵絲，將鐵絲放在基礎鎖針鏈的後方，接下來邊鉤邊用毛線包覆鐵絲（請參考 P124）：自鉤針側算起第二針目鉤 1 引拔針、11 次 1 引拔針、（起 3 鎖針，自鉤針側算起第二針目鉤 1 引拔針、1 次 1 引拔針，回到一開始的基礎鎖針鏈鉤 4 次 1 引拔針）2 次 [共24針]

收針剪線並藏線頭。把花莖頂端的鐵絲凹折藏於針目後，花莖下方的鐵絲預留 2.5 公分長（如圖1）。將 3 朵花固定於 1 個花莖上，總共做出 3 支。

再把葉子和花莖插進花瓶裡。

1

MOTH 飛蛾

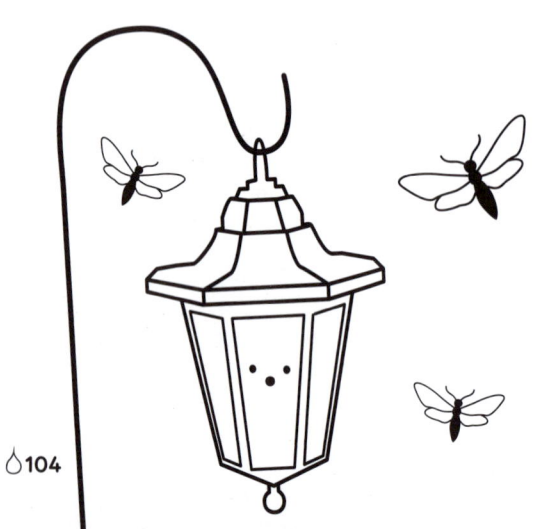

材料 & 工具
- 2.5mm 鉤針
- 棉質輕量毛線：**黑色**、**米白色**、**白色**，各一球（50克）
- 5mm 娃娃眼睛
- 纖維填充物
- 縫針
- 記號別針

完成尺寸
高 10 公分
寬 9 公分

織片密度
2.5 公分＝6 短針×7 排

初級

觸角（製作 2 個）

第 1 圈：用**黑色**線，起 6 鎖針，自鉤針側算起第二針目的裡山開始，鉤 1 短針、下四個針目各鉤 1 引拔針 [共 5 針]

收針剪線，不藏線頭。

身體

第 1 圈：用**米白色**線，以環形起針法起 6 短針 [共 6 針]
第 2 圈：每個針目 2 短針 [共 12 針]
第 3 圈：（1 次 1 短針、1 次 2 短針）6 次 [共 18 針]
第 4-6 圈：每個針目 1 短針 [共 18 針]
第 7 圈：（1 短針減針、1 次 1 短針）6 次 [共 12 針]
第 8 圈：（1 短針減針、4 次 1 短針）2 次 [共 10 針]
第 9-17 圈：每個針目 1 短針 [共 10 針]

將 5mm 娃娃眼睛嵌進**第 4** 和**第 5** 圈之間，中間相隔三個針目。將觸角直接固定在眼睛上方的**第 2 圈**上。開始塞進填充物。

104

第 **18 圈**：（1 短針減針、3 次 1 短針）2 次 [共 8 針]
第 **19 圈**：每個針目 1 短針 [共 8 針]
第 **20 圈**：（1 短針減針、2 次 1 短針）2 次 [共 6 針]

塞滿填充物，收針並留一條長尾線後剪線。用縫針將尾線穿過整圈的前半針收口，藏線頭。（如圖1）

小翅膀（製作 2 個）

第 **1 圈**：用米白色線，以環形起針法起 5 短針 [共 5 針]
第 **2 圈**：每個針目 2 短針 [共 10 針]
第 **3 圈**：（1 次 1 短針、1 次 2 短針）5 次 [共 15 針]
第 **4 圈**：（1 次 1 短針、1 次 2 短針）2 次，1 次 2 中長針、1 次 2 長針、1 次 2 長長針、1 次 2 長針、1 次 2 中長針，（1 次 2 短針、1 次 1 短針）2 次，2 次 1 短針 [共 24 針]

隱形收針（請參考P120）並藏線頭。

重複**第 1- 4 圈**步驟，鉤另一個小翅膀。將兩片小翅膀以正面朝外對齊相疊，用鉤針將兩織片於下一圈拼接在一起。

第 **5 圈**：用白色線，每個針目鉤 1 引拔針，完成整圈 [共 24 針]

隱形收針並藏線頭。

大翅膀（製作 2 個）

第 **1 圈**：用米白色線，以環形起針法起 5 短針 [共 5 針]
第 **2 圈**：每個針目 2 短針 [共 10 針]
第 **3 圈**：（1 次 1 短針、1 次 2 短針）5 次 [共 15 針]
第 **4 圈**：（1 次 1 短針、1 次 2 短針）2 次，1 次 2 中長針、1 次 2 長針、1 次 2 長長針、1 次 2 長針、1 次 2 中長針，（1 次 2 短針、1 次 1 短針）2 次，2 次 1 短針 [共 24 針]
第 **5 圈**：（3 次 1 短針、1 次 2 短針）2 次，6 次 2 中長針，（1 次 2 短針、3 次 1 短針）2 次，2 次 1 短針 [共 34 針]

隱形收針並藏線頭。

重複**第 1-5 圈**步驟，鉤另一個大翅膀。將兩片大翅膀以正面朝外對齊相疊，用鉤針將兩織片於下一圈拼接在一起。

第 **6 圈**：用白色線，每個針目鉤 1 引拔針，完成整圈 [共 34 針]

隱形收針並藏線頭。

大翅膀稍微蓋住小翅膀，將兩對翅膀固定在飛蛾的身體背部上。（如圖2）

隨心所欲地飛吧

除了飛蛾之外，只要把毛線換成其他的顏色，就可以做成蝴蝶。挑選你最愛的顏色嘗試看看，絕對會讓你有心動感！

1

2

STRING OF PEARLS
綠之鈴

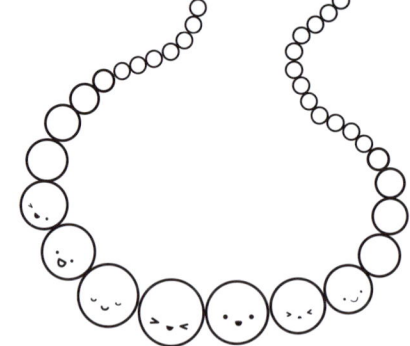

材料 & 工具
- 3.5mm 和 2.5mm 鉤針
- 棉質中量毛線：**奶油色、白色、咖啡色**，各一球（50克）
- 棉質輕量毛線：**淡橄欖綠色**一球（50克）
- **黑色及粉紅色散線**
- 8mm 娃娃眼睛
- 纖維填充物
- 縫針
- 記號別針

完成尺寸
高 10 公分
寬 7.5 公分

織片密度
使用中量毛線：
2.5公分＝5短針×6排
使用輕量毛線：
2.5公分＝6短針×7排

初級

花盆

第1圈：用 **3.5mm** 鉤針及**中量奶油色**線，以環形起針法起 6 短針 [共6針]
第2圈：每個針目 2 短針 [共12針]
第3圈：（1次1短針、1次2短針）6次 [共18針]
第4圈：（2次1短針、1次2短針）6次 [共24針]
第5圈：（3次1短針、1次2短針）6次 [共30針]
第6圈：（4次1短針、1次2短針）6次 [共36針]
第7圈：只鉤後半針，每個針目 1 短針 [共36針]
第8-10圈：每個針目 1 短針 [共36針]
第11圈：換**中量白色**線，每個針目 1 短針 [共36針]
第12圈：每個針目 1 短針 [共36針]
第13圈：（5次1短針、1次2短針）6次 [共42針]
第14-19圈：每個針目 1 短針 [共42針]

將 8mm 娃娃眼睛嵌進**第14** 和 **第15** 圈之間，中間相隔五個針目。塞入填充物，先不要收針跟剪線，接下來製作泥土，完成後再進行**第20** 圈。

第20圈：把泥土放進花盆裡，並將泥土的**第7圈**和花盆的**第19圈**對齊，用鉤花盆的毛線把兩片的所有針目（包括前後針），整圈以短針拼接在一起（請參考P122）[共42針]

第21圈：起1鎖針，每個針目1短針，以1引拔針連接第一個針目 [共42針]

第22圈：每個針目1引拔針[共42針]

隱形收針（請參考P120）並藏線頭。用**黑色**及**粉紅色**的毛線縫上嘴巴和臉頰（請參考P124）。

接著開始塑型，製作出花盆底部凹槽（請參考P122）。收尾剪線並藏線頭。

泥土

第1圈：用 **3.5mm** 鉤針及**中量咖啡色**線，以環形起針法起6短針[共6針]

第2圈：每個針目2短針 [共12針]

第3圈：（1次1短針、1次2短針）6次 [共18針]

第4圈：（2次1短針、1次2短針）6次 [共24針]

第5圈：（3次1短針、1次2短針）6次 [共30針]

第6圈：（4次1短針、1次2短針）6次 [共36針]

第7圈：（5次1短針、1次2短針）6次 [共42針]

隱形收針並藏線頭。

長葉子（製作3個）

第1圈：用 **2.5mm** 鉤針及**輕量淡橄欖綠色**線，打一個活結並預留一條長尾線，作為之後將葉子縫在泥土上的線。{起6鎖針，自鉤針側算起第二針目鉤5次1長針，抽出鉤針留一大線圈（如圖1），再將鉤針穿進第一個長針針目及線圈（如圖2），收緊線圈後，從第一個長針針目拉出線圈}9次（如圖3）

收針剪線並藏線頭。（如圖4）

中型葉子（製作6個）

第1圈：用 **2.5mm** 鉤針及**輕量淡橄欖綠色**線，打一個活結並預留一條長尾線，作為之後將葉子縫在泥土上的線。（起6鎖針，自鉤針側算起第二針目鉤5次1長針，抽出鉤針留一大線圈，再將鉤針穿進第一個長針針目及線圈，收緊線圈後，從第一個長針針目拉出線圈）6次

收針剪線並藏線頭。（如圖4）

短葉子（製作9個）

第1圈：用 **2.5mm** 鉤針及**輕量淡橄欖綠色**線，打一個活結並預留一條長尾線，作為之後將葉子縫在泥土上的線。（起6鎖針，自鉤針側算起第二針目鉤5次1長針，抽出鉤針留一大線圈，再將鉤針穿進第一個長針針目及線圈，收緊線圈後，從第一個長針針目拉出線圈）3次

收針剪線並藏線頭。（如圖4）
將全部的葉子縫於泥土上固定。

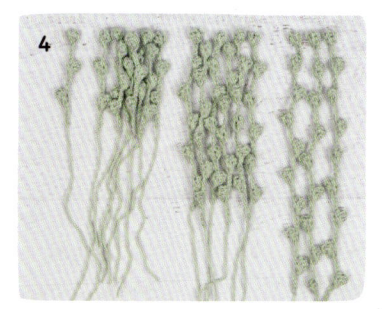

WaTeR LiLY 睡蓮

材料 & 工具
- 3.5mm 和 2.5mm 鉤針
- 棉質中量毛線：白色、藍色，各一球（50克）
- 棉質輕量毛線：薄荷綠色、水仙黃色、白色，各一球（50克）
- 黑色及粉紅色散線
- 8mm 娃娃眼睛
- 纖維填充物
- 縫針
- 記號別針

完成尺寸
高 7.5 公分
寬 12.5 公分

織片密度
使用中量毛線：
2.5 公分＝5 短針×6 排
使用輕量毛線：
2.5 公分＝6 短針×7 排

進階

花盆

第1圈：用 **3.5mm** 鉤針及**中量白色線**，以環形起針法起 6 短針 [共 6 針]
第2圈：每個針目 2 短針 [共 12 針]
第3圈：（1次1短針、1次2短針）6次 [共 18 針]
第4圈：（2次1短針、1次2短針）6次 [共 24 針]
第5圈：（3次1短針、1次2短針）6次 [共 30 針]
第6圈：（4次1短針、1次2短針）6次 [共 36 針]
第7圈：（5次1短針、1次2短針）6次 [共 42 針]
第8圈：（6次1短針、1次2短針）6次 [共 48 針]
第9圈：（7次1短針、1次2短針）6次 [共 54 針]
第10圈：（8次1短針、1次2短針）6次 [共 60 針]
第11圈：只鉤後半針，每個針目 1 短針 [共 60 針]
第12-15圈：每個針目 1 短針 [共 60 針]
第16圈：（9次1短針、1次2短針）6次 [共 66 針]
第17-18圈：每個針目 1 短針 [共 66 針]

將 8mm 娃娃眼睛嵌進**第 15** 和**第 16** 圈之間，中間相隔五個針目。塞入填充物，先不要收針跟剪線，接下來製作水面，完成後再進行**第 19** 圈。

第19圈：把水面放進花盆裡，並將水面的**第 11** 圈和花盆的**第 18** 圈對齊，用鉤花盆的毛線把兩片的所有針目（包括前後針），整圈以短針拼接在一起（請參考 P122）[共 66 針]
第20圈：起 1 鎖針，每個針目 1 短針，以 1 引拔針連接第一個針目 [共 66 針]
第21圈：每個針目 1 引拔針 [共 66 針]

隱形收針（請參考 P120）並藏線頭。用**黑色**及**粉紅色**的毛線縫上嘴巴和臉頰（請參考 P124）。接著開始塑型，製作出花盆底部凹槽（請參考 P122）。收尾剪線並藏線頭。

108

水面

第 1 圈：用 **3.5mm** 鉤針及**中量藍色線**，以環形起針法起 6 短針[共 6 針]
第 2 圈：每個針目 2 短針[共 12 針]
第 3 圈：（1 次 1 短針、1 次 2 短針）6 次[共 18 針]
第 4 圈：（2 次 1 短針、1 次 2 短針）6 次[共 24 針]
第 5 圈：（3 次 1 短針、1 次 2 短針）6 次[共 30 針]
第 6 圈：（4 次 1 短針、1 次 2 短針）6 次[共 36 針]
第 7 圈：（5 次 1 短針、1 次 2 短針）6 次[共 42 針]
第 8 圈：（6 次 1 短針、1 次 2 短針）6 次[共 48 針]
第 9 圈：（7 次 1 短針、1 次 2 短針）6 次[共 54 針]
第 10 圈：（8 次 1 短針、1 次 2 短針）6 次[共 60 針]
第 11 圈：（9 次 1 短針、1 次 2 短針）6 次[共 66 針]

隱形收針並藏線頭。

睡蓮葉

第 1 圈：用 **2.5mm** 鉤針及**輕量綠色線**，以環形起針法起 6 短針[共 6 針]
第 2 圈：每個針目 2 短針[共 12 針]
第 3 圈：（1 次 1 短針、1 次 2 短針）6 次[共 18 針]
第 4 圈：（2 次 1 短針、1 次 2 短針）6 次[共 24 針]
第 5 圈：（3 次 1 短針、1 次 2 短針）6 次[共 30 針]
第 6 圈：（4 次 1 短針、1 次 2 短針）6 次[共 36 針]

接下來以往返編織（每鉤完一排就翻面）的方式進行，做出葉子前端深裂的形狀。

第 7 排：起 1 鎖針，（5 次 1 短針、1 次 2 短針）5 次，6 次 1 短針，翻面[共 41 針]
第 8 排：起 1 鎖針，（6 次 1 短針、1 次 2 短針）5 次，6 次 1 短針，翻面[共 46 針]
第 9 排：起 1 鎖針，（7 次 1 短針、1 次 2 短針）5 次，6 次 1 短針，翻面[共 51 針]
第 10 排：起 1 鎖針，（8 次 1 短針、1 次 2 短針）5 次，6 次 1 短針，翻面[共 56 針]
第 11 排：起 1 鎖針，（9 次 1 短針、1 次 2 短針）5 次，6 次 1 短針，翻面[共 61 針]
第 12 排：起 1 鎖針，（10 次 1 短針、1 次 2 短針）5 次，6 次 1 短針，翻面[共 66 針]
第 13 圈：整圈包括葉子上的 V 型裂口部分，每個針目鉤 1 引拔針

隱形收針並藏線頭，固定於水面上。

睡蓮

第 1 圈：用 **2.5mm** 鉤針及**輕量黃色線**，以環形起針法起 8 短針[共 8 針]
第 2 圈：只鉤前半針，（1 引拔針、起 4 鎖針、自鉤針側算起第二針目鉤 1 引拔針、下兩個鎖針針目各鉤 1 引拔針）8 次，1 引拔針[共 32 針]
第 3 圈：只鉤**第 1 圈**的後半針，每個針目 2 短針[共 16 針]
第 4 圈：只鉤**第 3 圈**的前半針，（1 引拔針、起 5 鎖針、自鉤針側算起第二針目鉤 1 引拔針、下三個鎖針針目各鉤 1 引拔針）16 次，1 引拔針[共 80 針]
第 5 圈：接**輕量白色線**，只鉤**第 3 圈**的後半針，（1 次 2 短針、1 次 1 短針）8 次[共 24 針]
第 6 圈：只鉤**第 5 圈**的前半針，（1 短針、起 5 鎖針、自鉤針側算起第二針目鉤 1 引拔針、1 短針、1 中長針、1 長針、以 1 中長針鉤進第一個短針的同個針目裡、1 引拔針、1 短針）8 次[共 64 針]
第 7 圈：只鉤**第 5 圈**的後半針，（1 次 2 短針、2 次 1 短針）8 次[共 32 針]
第 8 圈：只鉤**第 7 圈**的前半針，（1 短針、起 6 鎖針、自鉤針側算起第二針目鉤 1 引拔針、1 短針、1 中長針、1 長針、1 長長針、以 1 長針鉤進第一個短針的同個針目裡、跳過下一個針目、1 引拔針、1 短針）8 次[共 72 針]
第 9 圈：只鉤**第 7 圈**的後半針，（1 次 2 短針、3 次 1 短針）8 次[共 40 針]
第 10 圈：只鉤**第 9 圈**的前半針，（3 次 1 短針、起 8 鎖針、自鉤針側算起第二針目鉤 1 引拔針、下六個鎖針針目各鉤 1 引拔針、以 1 引拔針鉤進第一個短針的同個針目裡、2 次 1 短針）8 次[共 104 針]

第 11 圈從第 10 圈的 8 鎖針基礎鏈開始鉤。

第 11 圈：（2 次 1 引拔針、2 次 1 長長針、2 次 1 長針、1 次 1 中長針、1 次 1 短針、1 次 1 引拔針、1 鎖針、1 次 1 引拔針、1 短針、1 次 1 中長針、2 次 1 長針、2 次 1 長長針、跳過下兩個針目、1 次 1 引拔針）8 次[共 144 針]

隱形收針並藏線頭，固定於睡蓮葉子上。

TECHNIQUES
鉤織技巧

111

USEFUL INFORMATION
實用術語和技巧

常見的鉤針織圖符號

- ▷ 起始點
- ○ 鎖針
- ● 引拔針
- × 短針
- T 中長針
- ⊤ 長針
- ⊥ 長長針

鉤針對照表

鉤針大多分為美國和日本兩種規格，本書使用的是美規鉤針的 C-2 和 D-3。習慣用日規鉤針的人，也可以對照相近尺寸購買（請參考下方對照表），但要記得隨鉤針尺寸調整毛線尺寸，也因為毛線粗細不同，完成後的成品大小會有差異。

鉤針直徑	日本針號	美國針號
2.0mm	2/0	
2.25mm		B-1
2.3mm	3/0	
2.5mm	4/0	
2.75mm		C-2
3.0mm	5/0	
3.25mm		D-3
3.5mm	6/0	E-4
3.75mm		F-5
4.0mm	7/0	G-6
4.5mm	7.5/0	G-7
5.0mm	8/0	H-8
5.5mm	9/0	I-9
6.0mm	10/0	J-10

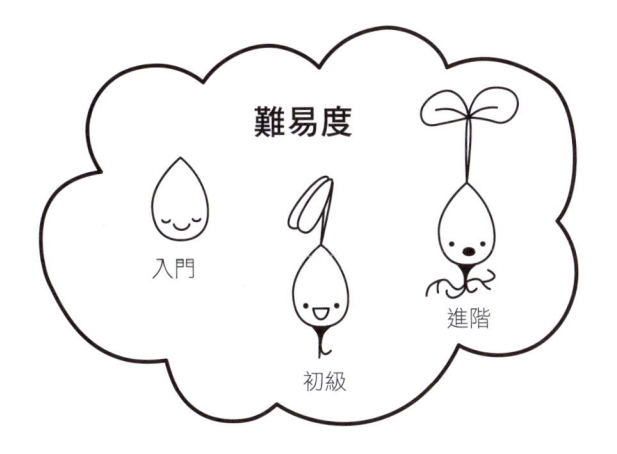

難易度

入門
初級
進階

自行更改設計

想讓你的鉤織玩偶更與眾不同，最簡單的方法，就是選用跟織圖不一樣粗細的毛線。

比方說，如果要製作一個超大型瓢蟲抱枕，就改用超粗毛線來鉤，這樣就可以在相同比例下，鉤出大的成品。相對地，如果想鉤一個小巧的毛毛蟲鑰匙圈，則選用超細毛線和小號的鉤針。鉤織玩偶的美妙之處，就在於不管如何變換毛線粗細和相對應的鉤針尺寸，鉤出的成品都能維持一樣的比例！

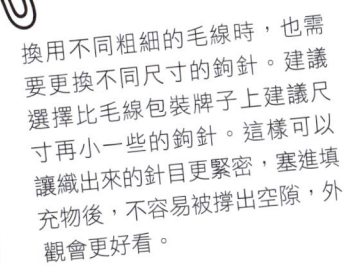

換用不同粗細的毛線時，也需要更換不同尺寸的鉤針。建議選擇比毛線包裝牌子上建議尺寸再小一些的鉤針。這樣可以讓織出來的針目更緊密，塞進填充物後，不容易被撐出空隙，外觀會更好看。

本書步驟的使用方法

- 本書織圖主要是以敘述式文字說明，偶爾搭配符號式織圖，因此請先閱讀左頁的鉤針符號，以了解各針法。

- 幾乎所有的織圖都是以螺旋狀連續鉤織；除非步驟裡特別提及，才需要連結上一圈。

- 如果是鉤一整排的話，會以「排」數而不是「圈」數計算。

- 本書步驟中標示的針數數字，為一個針目中的針數。例如在一個針目中鉤1次短針，即標示為「1短針」，若一個針目鉤2次短針，則為「2短針」。

- 整圈裡使用的針法，若會以某種規律重複，針法會放在同一個括號中，重複的次數則加在括號後。例如（**2次1短針、1次2短針**）6次，表示要在前兩個針目裡各鉤1短針，第三個針目鉤2短針，並重複上述步驟共6次。

- 在同一針目裡連續鉤入不同針法時，會使用＋號連結針法。例如（**1引拔針＋2鎖針＋1長針＋2鎖針＋1引拔針**）4次。表示連續四個針目裡，都依序鉤入上述針法。

- 每一行最後的方括號裡，會出現此步驟應有的總針數。例如 **[共24針]**，表示這一圈或一排鉤完後總計為24針。

BASIC STiTCHESS
起針&基本鉤織針法

起針：環形起針法

又稱「輪狀起針法」。線的尾端朝下方垂放，繞線形成一個圓圈，並用兩隻手指緊壓固定（如圖1）。

鉤針穿進圈裡鉤住線後，再從圈裡拉出（如圖2），起一鎖針固定，開始繞著圈鉤需要的針數，鉤好後，拉尾線將圓圈收緊成輪環狀（如圖3）。

打結：活結

將線繞成一個圓圈，尾端朝下，用鉤針或是手指穿進圈內，將線從圈裡拉出（如圖4），拉線收緊。

針法 ①：鎖針

鉤針繞線後，從線圈裡拉出（如圖5）。

針法 ②：引拔針

將鉤針穿進針目，繞線後，從針目裡拉出來（如圖6）。

針法 ③：短針

將鉤針穿進針目後繞線，從針目裡拉出（如圖7），這時鉤針上會有兩個線圈，再次用鉤針繞線後，從兩個線圈裡一次拉出（如圖8）。

針法 ④：中長針

鉤針繞線後，穿進針目裡（如圖9），繞線後，從針目裡拉出，再次用鉤針繞線後，從鉤針上三個線圈裡一次拉出（如圖10）。

針法 ⑤：長針

鉤針繞線後，穿進針目裡（如圖11），繞線後，從針目裡拉出，現在鉤針上共有三個線圈（如圖12）。鉤針繞線後，從前兩個線圈裡拉出，這時鉤針上還剩兩個線圈，再用鉤針繞線後，從最後兩個線圈裡拉出。

針法 ⑥：長長針

鉤針繞兩次線後，穿進針目裡（如圖13），繞線後，從針目裡拉出。用鉤針繞線後，從前兩個線圈裡拉出（如圖14），現在鉤針上共有三個線圈。再次用鉤針繞線後，從前兩個線圈裡拉出，現在鉤針上剩兩個線圈。用鉤針繞線，從最後兩個線圈裡拉出。

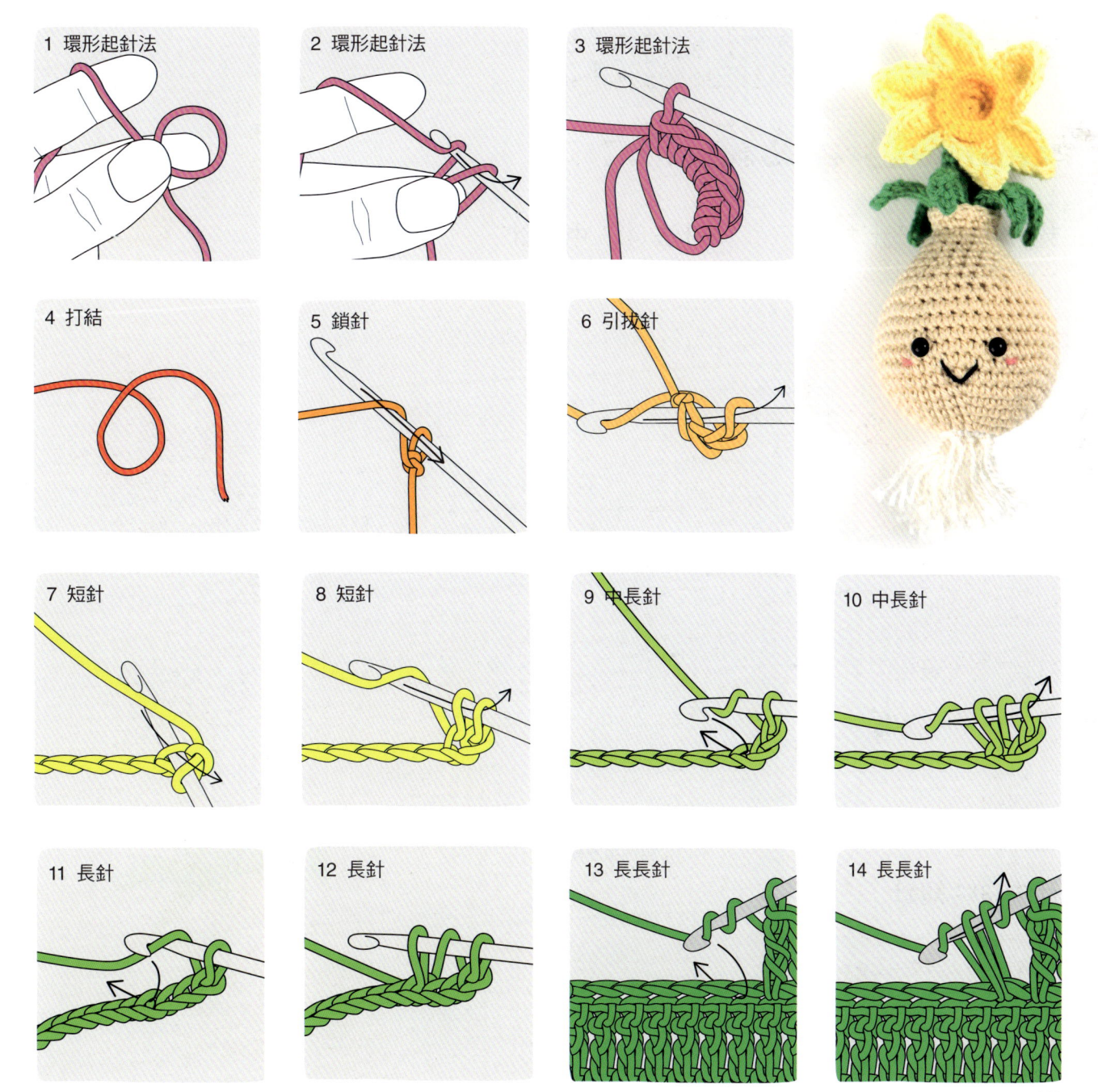

1 環形起針法	2 環形起針法	3 環形起針法	
4 打結	5 鎖針	6 引拔針	
7 短針	8 短針	9 中長針	10 中長針
11 長針	12 長針	13 長長針	14 長長針

OTHER STITCHES
其他針法&用語

隱形短針減針

鉤織立體作品時,使用一般基本的減針容易留下小縫隙或是表面突起。所以在製作玩偶時,利用隱形減針的技巧,完成後的外觀會更平滑。

將鉤針穿進第一針目的前半針,再穿進第二針目的前半針,鉤針繞線後(如圖1),從兩個前半針拉出,此時鉤針上會有兩個線圈。鉤針再次繞線後,從兩個線圈裡一次拉出,完成鉤一個短針的步驟(如圖2)。

這個技巧也適用於其他針法,像是中長針減針或長針減針。

短針減針(兩短針併一針)

將鉤針穿進第一針目,繞線後從針目裡拉出,此時鉤針上有兩個線圈(如圖3)。將鉤針穿進第二針目,繞線後,從針目裡拉出,此時鉤針上會有三個線圈(如圖4)。再次用鉤針繞線後,從三個線圈裡一次拉出。

二鎖針結粒針

鉤兩針鎖針後,自鉤針側算起第二針目裡鉤進一針引拔針。

三長針泡泡針

鉤針繞線後,穿進針目裡,繞線後,從針目裡拉出來,現在鉤針上共有三個線圈。再次用鉤針繞線後,從前兩個線圈中拉出,此時鉤針上還剩兩個線圈。

重複同樣動作,用鉤針繞線後,穿進同一針目,再繞線後從針目裡拉出,接著再次繞線,從前兩個線圈中拉出,此時鉤針上有三個線圈。

重複上一步驟直到鉤針上有四個線圈(如圖5),再次繞線後從四個線圈裡一次拉出來,最後鉤一針鎖針固定泡泡針(如圖6)。

下拉短針

也稱為「長式短針」。將鉤針由前向後,穿進正下方一圈的兩針目之間的空間,然後將線拉出至目前鉤織的圈數高度,再次用鉤針繞線後,從鉤針上的兩個線圈中拉出。

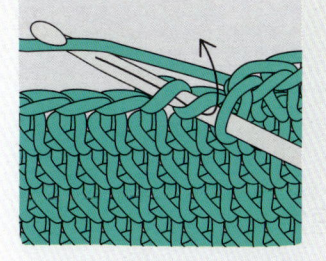

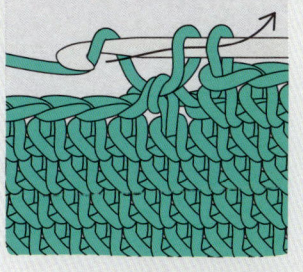

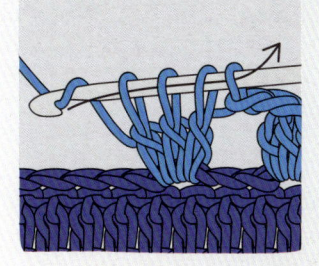

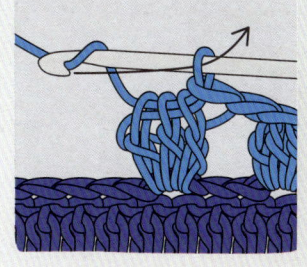

1 隱形短針減針
2 隱形短針減針
3 短針減針
4 短針減針
5 三長針泡泡針
6 三長針泡泡針

117

118

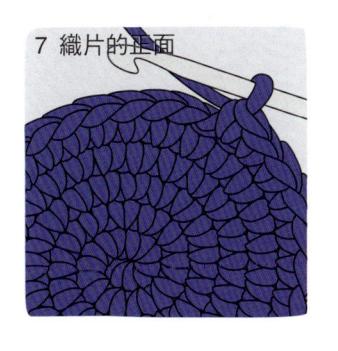

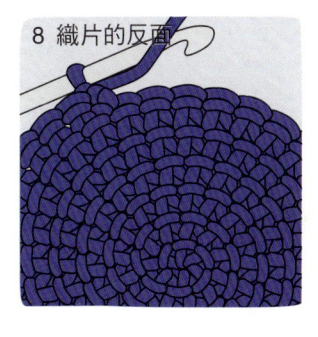

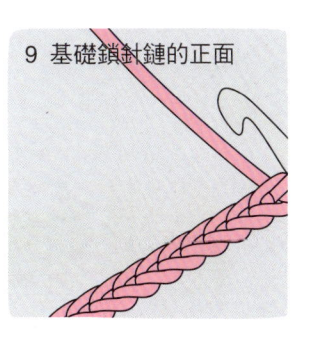

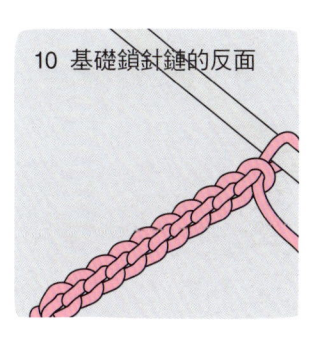

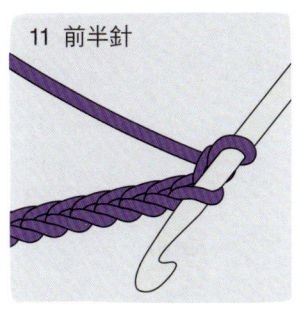

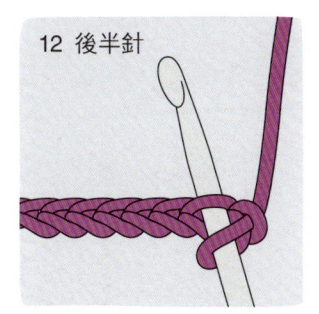

分辨織片的正面／反面

鉤織環狀（圈形）時，能夠正確分辨織片的正反面是很重要的技巧，尤其是碰到需要只鉤前半針或後半針的步驟時，就一定得先學會如何分辨。

織片的正面會呈現以V字整齊排列的模樣（如圖7），一個V字是由前半針、後半針組成；反面則是以水平的線排列（如圖8），這裡的針目也稱為「裡山」。

鉤織用語：裡山

裡山位於織片的反面，針目的後半針下方（如圖7、8）。

鉤織用語：基礎鎖針鏈的正面／反面

鎖針鏈的正面，所有針目看起來平順，並且像是一連串的V字連結成鏈（如圖9），而反面的針目則會呈現凹凸不平的狀態（如圖10）。

沿著鎖針鏈反面的裡山鉤，鉤出來的針目看起來比較平整。

鉤織用語：前半針

一個針目中，較靠近自己身體那邊的線圈，稱為前半針（又稱為外半針）。如果織圖說明只鉤前半針，就表示只在前半針裡鉤進需要的針數（如圖11）。

鉤織用語：後半針

相反地，一個針目中，離自己較遠的線圈，則稱為後半針（又稱為內半針）。如果織圖說明只鉤後半針，就表示只在後半針裡鉤進需要的針數（如圖12）。

COLORWORK
彩色的鉤織方法

換色

書裡統一使用的換色技巧，是在前一針的最後一個步驟中換線。照常開始鉤前一針，於最後繞線拉出的時候，換成另一個顏色的線（如圖1），放掉原本顏色的線，繼續用新顏色線鉤下一針（如圖2和3）。

接線

將鉤針穿進指定的針目，用鉤針繞要接的線後從針目裡拉出，再次繞線後，拉出線圈固定（如圖4），即可繼續照常鉤織。

帶線／同時鉤兩種顏色

帶線鉤織能幫助你在反覆換不同顏色的毛線時，不需要每次都重新剪線和接線。尤其是在製作毛毛蟲，織圖上需要每幾圈就換不同顏色的線，這時候帶線的技巧就能派上用場。

帶線的方法有很多種，本書中使用的技巧為「起圈帶線法」。首先，於前一針的最後一個步驟中，換成另一個顏色的線（參考換色技巧），並把原本顏色的線放掉，繼續用新顏色線鉤下一圈。要換回原本顏色的線時，以同樣方式進行即可。

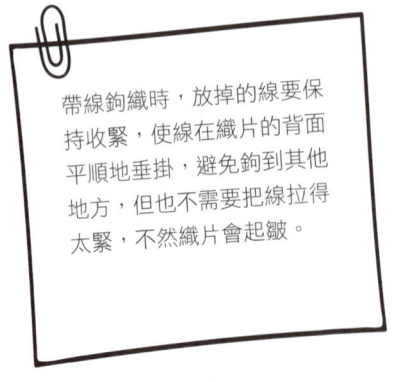

> 帶線鉤織時，放掉的線要保持收緊，使線在織片的背面平順地垂掛，避免鉤到其他地方，但也不需要把線拉得太緊，不然織片會起皺。

120

FINISHING
結束編織及收針

收針

剪線後，將尾線從鉤針上最後一個線圈裡拉出收緊。再將尾線穿進縫針，在織片反面，用縫針穿過一個又一個針目，將線頭隱藏起來。

隱形收針法

使用隱形收針可以讓成品的邊緣平整。剪線後將尾線拉出最後一針，再將尾線穿進縫針，由前往後，將縫針穿進下一針目。接著從剛剛尾線拉出的同一針目，將縫針只穿過後半針輕輕拉出（如圖5），最後藏線於織片的反面，並剪掉多餘的線（如圖6）。

邊鉤邊藏線頭

鉤織立體作品需要換顏色時，可以利用帶線技巧，把新的顏色線頭和上一個顏色的尾線，兩條線邊鉤邊藏起來。只要將兩條線沿著要鉤的針目邊緣放好，鉤的同時一起包住線，連續鉤五到六針即可。

1 換色	2 換色	3 換色
4 接線	5 隱形收針法	6 隱形收針法

121

MAKiNg UP
製作五官&修飾形狀

> 同樣的技巧也適合於「後半針收口」，依照說明將縫針穿進後半針而不是前半針就行了。

嵌入娃娃眼睛

安全說明：如果玩偶是要給三歲以下的孩童，請勿使用玩具娃娃眼睛，可用黑色線代替，繡出眼睛，以免不小心抓下來後誤食。

每個織圖都有說明娃娃眼睛放置的排數或圈數，以及眼睛之間相隔的針數。在將墊片嵌入眼睛上的棒釘前，要先確認好自己滿意的眼睛位置，因為一旦嵌進墊片就無法再拔開了。

塞填充物

放填充物的祕訣很簡單，就是盡可能塞緊塞滿，但不能緊繃到填充物從針目之間的空隙露出來。

前半針收口

剪線後將尾線從最後一針裡拉出，穿進縫針。將縫針由內往外，穿進剩餘針目每一針的前半針（如圖1和2），再輕輕拉緊線收口（如圖3）。將縫針穿進收口的針目中心位置，再從中心點之外的任一方向，把線抽出來（如圖4），在靠近玩偶表面的地方打結後，把結塞進玩偶裡，剪掉剩餘的尾線。

拼接兩織片

將需要拼接在一起的兩塊織片針目，一圈在上、一圈在下，對齊擺放（如圖5）。用其中一塊織片上還沒有收針剪線的線，將兩塊織片所有針目，包含前後針，整圈以短針鉤在一起（如圖6）。

塑型（製作底部凹槽）

藉由調整形狀，讓可愛的玩偶可以在平面上直立站好。

除非是織圖裡有特別說明，一般塑型多半是在玩偶的底部做出凹槽。

首先，將縫針從玩偶底部的中心點穿進去，從頂部中心點拉出（如圖7和8），再將縫針從頂部中心往下穿進去，自底部略偏中心的位置抽出來（如圖9和10），再次從底部中心穿進，從頂部中心拉出（如圖11）。

稍微把線拉緊，使玩偶底部出現凹槽（如圖12），頂部則不會產生凹槽（如圖13）。將縫針從頂部穿到底部，打兩至三個結固定後，把線頭藏到玩偶裡。

1 前半針收口	2 前半針收口	3 前半針收口	4 前半針收口
5 拼接兩織片	6 拼接兩織片	7 製作底部凹槽	8 製作底部凹槽
9 製作底部凹槽	10 製作底部凹槽	11 製作底部凹槽	
12 製作底部凹槽	13 製作底部凹槽		

123

立體玩偶收尾

將尾線穿進縫針，再將縫針穿過整個玩偶中間，緊貼玩偶表面打一個結，將結塞進玩偶裡後剪掉剩餘的線。

花藝鐵絲包線

剪一段10公分長的20號花藝鐵絲（如圖1），點少許熱熔膠於鐵絲的一端後，開始用輕量綠色線纏繞鐵絲（如圖2），整條鐵絲都包覆好線後，再點少許熱熔膠於尾端固定線（如圖3和4）。

製作鐵絲花莖

將包好線的花藝鐵絲，一端繞著鉤針彎曲成一個圓圈（如圖5和6），再將圓圈以下的鐵絲彎折，形成一個平面來固定花朵（如圖7和8）。

在花藝鐵絲上鉤織

按照織圖上需要的長度剪一段花藝鐵絲，把鐵絲放在基礎鎖針鏈的後方位置（如圖9），將鉤針穿進鎖針針目以及鐵絲下方，以一般的鉤織針法依序進行，這樣就可以邊鉤邊把鐵絲包在毛線裡（如圖10和11）。

縫製臉部細節

使用黑色線，將縫針從玩偶後方任何一處穿出，縫出V字型嘴巴。嘴巴要縫在兩個眼睛中間，高度比眼睛略低一點，大概是往下一圈的位置（如圖12和13）。

使用臉頰需要的顏色線，將縫針從玩偶後方任何一處穿出（如圖14），在眼睛兩側，大約往下一圈的位置縫出臉頰，跟眼睛差不多寬（如圖15和16）。

縫好後，將縫針穿過整個玩偶的中間，緊貼玩偶表面打一個結，把結塞進玩偶裡藏起來，再剪掉剩餘的線。

> 在縫睫毛時，我發現使用兩條縫紉專用的細線和細針來縫是最容易操作的方式。用這方法能更容易接近娃娃眼睛，細針也可以從織片上任何一處穿過。

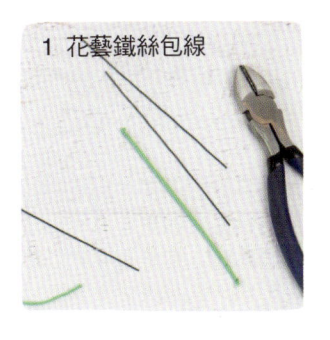

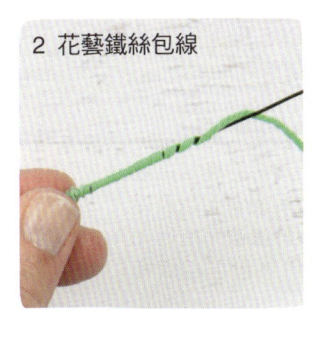

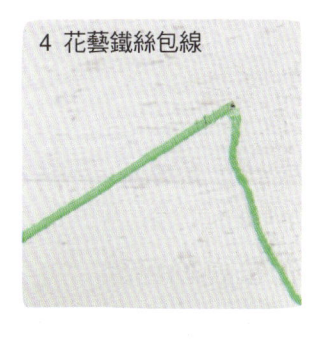

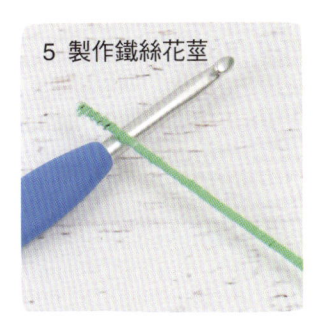

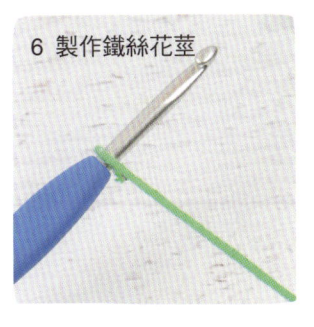

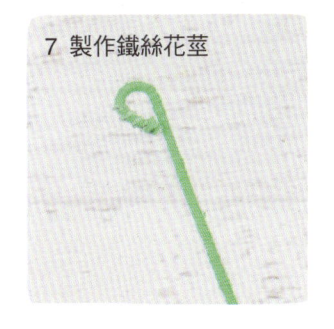

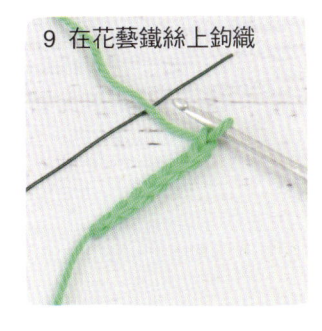

1 花藝鐵絲包線	2 花藝鐵絲包線	3 花藝鐵絲包線	4 花藝鐵絲包線
5 製作鐵絲花莖	6 製作鐵絲花莖	7 製作鐵絲花莖	8 製作鐵絲花莖
9 在花藝鐵絲上鉤織	10 在花藝鐵絲上鉤織	11 在花藝鐵絲上鉤織	12 縫製臉部細節
13 縫製臉部細節	14 縫製臉部細節	15 縫製臉部細節	16 縫製臉部細節

#kawaiicrochet

本書作者

梅麗莎・布萊德利（Melissa Bradley）是一位鉤織設計師，也是熱衷一切手作的色彩迷。大學主修室內設計，畢業後成為擁有執照的花藝師，但自從第二個孩子出生後，開始喜歡上新的創作媒介：毛線。如果手上不是正在握著鉤針，那就是在烘焙或是花園裡。梅麗莎跟先生、三個小孩住在美國猶他州，可以從 Esty、Ravelry 和 LoveCrafts 手作網站上搜尋她的鉤針織圖，以及上 Instagram 追蹤她每天的鉤織作品。

致謝

首先，我要感謝這些年來，曾經在我的鉤織旅程中，給予支持的所有鉤織愛好者。每個喜愛《可愛療癒！鉤織玩偶入門書》，並對於這個系列第二本的誕生感到雀躍興奮的各位，謝謝你們！

同時，我很感激可愛又有才華的 David & Charles 團隊。尤其是 Ame Verso，謝謝你相信我，而且再次地讓我發揮出最具創造力的自己。也要感謝 Jeni Chown、Sam Staddon、Lucy Waldron、Anna Wade、Prudence Rogers 以及 Jason Jenkins。跟這麼多有才華的人一起製作這本書，對我來說絕對是幸福又榮幸的事。

我對我的家人感到無比感恩。我的孩子為了在我回答問題前，得先在腦袋裡算好針數，總是給予充足的耐心等待；或是必須等我告訴他們「再鉤一圈就好」之後，才能陪他們做有趣的事。謝謝你們的愛和支持！你們是我生命裡的光芒，也永遠是我創作靈感的來源。

最重要的最後，我想要表達對父母的感謝。因為在製作這本書的過程中，他們總是給予全力的支持，如果沒有他們的凝聽和無盡的愛，這本書根本無法完成。在這段時間裡，我真的找不到更好的字句來形容我的感激之情，謝謝，還有，我愛你們！

INDEX 索引

ㄅ
白水仙 100–101
白色玩偶 98–109
百合 18–19
飽和度 9
斑點 29
補色分割 8, 11

ㄆ
瓢蟲 29
拼接兩織片 17, 18, 21, 27, 30, 33, 35, 41, 42, 44, 53, 54, 60, 65, 67, 69, 73, 79, 82, 84, 90, 93, 94, 103, 107, 108, 122–123

ㄇ
馬蹄蓮 54–55
玫瑰 16–17
毛毛蟲 71
蜜蜂 58
棉質毛線 7
明色調 9

ㄈ
非洲菊 40–41
非洲紫羅蘭 92–93
飛蛾 104–105
飛燕草 78–80
番紅花 76–77
粉紅色玩偶 12–23
縫針 7
縫臉頰 15, 17, 19, 21, 27, 30, 33, 35, 41, 43, 45, 53, 54, 57, 65, 67, 69, 73, 77, 79, 85, 89, 90, 93, 94, 101, 103, 107, 108
縫嘴巴 15, 17, 19, 21, 27, 30, 33, 35, 41, 43, 45, 47, 53, 54, 57, 60, 65, 67, 69, 73, 77, 79, 81, 83, 85, 89, 90, 93, 94, 101, 103, 107, 108
縫製臉部細節 124–125

ㄉ
打結 114–115
帶線 120–121
單色配色 9, 11
短針 114–115
短針減針 116–117

ㄊ
貼花 47
鐵絲包線 53, 124–125
鐵絲花莖 37, 85, 124–125

ㄋ
泥土 16, 21, 27, 30, 36, 42, 45, 60, 65, 67, 69, 79, 83, 85, 92, 95, 107

ㄌ
藍色玩偶 74–85
裡山 119
鈴蘭 102–103
綠之鈴 106–107
綠色玩偶 62–73

ㄍ
鉤針 6
鉤針對照表 112
蝸牛 48–49

ㄏ
後半針 119
互補配色 8, 11
花盆 16, 20, 27, 30, 35, 42, 44, 59, 64, 66, 68, 78, 82, 84, 92, 94, 106, 108
花瓶 18, 32, 40, 52, 54, 90, 102
花苞 80
花莖 19, 28, 34, 41, 43, 53, 55, 60, 80, 83, 91, 103
花芯 31, 34, 43, 60, 83
花藝鐵絲 6
灰色調 9
環形起針 114–115
換色 120–121
黃色玩偶 50–61
紅色玩偶 24–37

ㄐ
甲蟲 97
接線 120–121
澆水壺 72–73
金杖球 52–53
橘色玩偶 38–49
矩形配色 9, 11
蕨類盆栽 68–70

ㄑ
蚯蚓 23
球莖 14, 56, 76, 88, 100
嵌入娃娃眼睛 14, 17, 18, 21, 23, 27, 29, 30, 33, 35, 40, 42, 44, 47, 49, 53, 54, 57, 58, 60, 65, 66, 68, 71, 73, 76, 79, 81, 83, 84, 88, 90, 93, 94, 97, 101, 102, 104, 106, 108, 122–123
前半針 119

ㄒ
下拉短針 116
蟹爪蘭 26–28
仙人掌 26, 44, 64
纖維填充物 6
相似配色 8, 11
向日葵 59–61

ㄓ
織片的反面 119
織片的正面 119
中性色配色 9
中長針 114–115
種子袋 46–47

ㄔ
翅膀 58, 105
鏈子 81
長針 114–115
長長針 114–115
雛菊 82–83
觸角 29, 48, 58, 71, 97, 104

ㄕ
收口 122–123
收針 120–121
收尾 124
聖誕紅 30–31
水面 19, 33, 41, 53, 54, 73, 91, 103, 109
水仙花 56–57
睡蓮 108–109

ㄖ
熱熔槍 6
絨毛鐵絲 6

ㄗ
紫色玩偶 86–97

ㄘ
彩葉草 20–22
草莓盆栽 35–37
藏線頭 120

ㄙ
色環 10
色相 9
色彩學 8–9
塞填充物 122
三等分配色 8, 11
三長針泡泡針 116–117
三次色 8
三色菫 90–91
三葉草 66–67
森林勿忘草 84–85
塑型 17, 19, 21, 27, 30, 33, 35, 41, 43, 45, 53, 54, 60, 65, 67, 69, 73, 79, 82, 85, 90, 93, 94, 103, 107, 108, 122–123
鎖針 114–115

ㄢ
暗色調 9

ㄦ
二次色 8
二鎖針結粒針 116–117

一
葉子 17, 19, 21, 34, 36, 43, 47, 55, 61, 80, 83, 85, 91, 93, 96, 103, 109
引拔針 114–115
隱形減針 116–117
隱形收針 120–121
罌粟花 32–34
洋牡丹 94–96

ㄨ
玩具娃娃眼睛 7
萬壽菊 42–43

ㄩ
原色 8
鳶尾花 88–89
鬱金香 14–15

台灣廣廈 國際出版集團
Taiwan Mansion International Group

國家圖書館出版品預行編目（CIP）資料

繽紛花園！鉤織玩偶入門書：一支鉤針，輕鬆織出40款可愛童趣的多肉、花朵、昆蟲娃娃！/ 梅麗莎・布萊德利著；蘇郁捷譯. -- 初版. -- 新北市：蘋果屋出版社有限公司, 2025.06
132面；20×20公分．ISBN 978-626-7424-58-2(平裝)
1.CST: 編織 2.CST: 手工藝

426.4　　　　　　　　　　　　　　　　　　114004819

蘋果屋 APPLE HOUSE

繽紛花園！鉤織玩偶入門書
一支鉤針，輕鬆織出40款可愛童趣的多肉、花朵、昆蟲娃娃！

作　　者／梅麗莎・布萊德利(Melissa Bradley)　　總編輯／蔡沐晨・編輯／許秀妃
譯　　者／蘇郁捷　　　　　　　　　　　　　　　封面設計／林珈仔・內頁排版／菩薩蠻
　　　　　　　　　　　　　　　　　　　　　　　製版・印刷・裝訂／東豪・弼聖・秉成

行企研發中心總監／陳冠蒨　　媒體公關組／陳柔彣　　綜合業務組／何欣穎
線上學習中心總監／陳冠蒨　　企製開發組／張哲剛

發　行　人／江媛珍
法　律　顧　問／第一國際法律事務所 余淑杏律師・北辰著作權事務所 蕭雄淋律師
出　　　　版／蘋果屋
發　　　　行／台灣廣廈有聲圖書有限公司
　　　　　　　地址：新北市235中和區中山路二段359巷7號2樓
　　　　　　　電話：（886）2-2225-5777・傳真：（886）2-2225-8052

代理印務・全球總經銷／知遠文化事業有限公司
　　　　　　　地址：新北市222深坑區北深路三段155巷25號5樓
　　　　　　　電話：（886）2-2664-8800・傳真：（886）2-2664-8801
　　　　　　　網址：www.booknews.com.tw（博訊書網）
郵　政　劃　撥／劃撥帳號：18836722
　　　　　　　劃撥戶名：知遠文化事業有限公司（※單次購書金額未達1000元，請另付70元郵資。）

■出版日期：2025年06月　　ISBN：9786267424582　　版權所有，未經同意不得重製、轉載、翻印。

First published 2022 under the title Kawaii Crochet Garden
Copyright © Melissa Bradley, 2022, David and Charles Ltd, Suite A, First Floor, Tourism House, Pynes Hill, Exeter, Devon, EX2 5WS, UK